装备科技译著出版基金

传感器平台的视频监控
——算法与结构

Video Surveillance for Sensor Platforms:
Algorithms and Architectures

［美］Mayssaa Al Najjar
［黎巴嫩］Milad Ghantous
［美］Magdy Bayoumi 著
谢晓竹 王维锋 傅博凡 译

国防工业出版社
·北京·

著作权合同登记　图字:军 – 2015 – 096 号

图书在版编目(CIP)数据

传感器平台的视频监控——算法与结构／(美)玛莎
·艾丽·娜迦(Mayssaa Al Najjar),(黎巴嫩)米尔德·
高翰斯(Milad Ghantous),(美)马蒂·巴有米
(Magdy Bayoumi) 著；谢晓竹,王维锋,傅博凡译.—
北京：国防工业出版社,2018.6
书名原文：Video Surveillance for Sensor Platforms：
Algorithms and Architectures
　ISBN 978 – 7 – 118 – 11380 – 8

Ⅰ. ①传… Ⅱ. ①玛… ②米… ③马… ④谢… ⑤王
… ⑥傅… Ⅲ. ①视频系统 – 监控系统 Ⅳ. ①TN948.65

中国版本图书馆 CIP 数据核字(2017)第 284355 号

Translation from English language edition：
Video Surveillance for Sensor Platforms
by Mayssaa Al Najjar,Milad Ghantous and Magdy Bayoumi
Copyright © 2014 Springer New York
Springer New York is a part of Springer Science + Business Media
All Rights Reserved

※

国防工业出版社出版发行
(北京市海淀区紫竹院南路 23 号　邮政编码.100048)
天津嘉恒印务有限公司印刷
新华书店经售
＊
开本 710×1000　1/16　印张 11¼　字数 220 千字
2018 年 6 月第 1 版第 1 次印刷　印数 1—2000 册　　定价 88.00 元

(本书如有印装错误,我社负责调换)

国防书店:(010)88540777　　发行邮购:(010)88540776
发行传真:(010)88540755　　发行业务:(010)88540717

本书献给

我珍爱的家人, Mayssaa Al Najjar

我深爱的家人, Milad Ghantous

我亲爱的学生, Magdy Bayoumi

前　言

监控系统是能够监视相关环境、探测潜在危险活动的重要技术工具。在犯罪率增加,战争、恐怖袭击和安全问题频发的世界里,视频监控系统是探测、避免并阻止这些事件发生的一种最基本的解决方法。监控系统已广泛用于军事、国土安全、公共与商业安全、法律建设、环境研究、建筑保护、智能屋宇以及家庭人身安全等众多领域。典型的监视系统是由独立分布的多个摄像头组成,能够连续监视某个场景并能将采集的数据传送至控制中心,以供进一步的目标活动分析和可视化。为了获得可靠的监视效果,目前所采用的监视系统依赖分布于网络层的鲁棒图像处理算法。基本图像处理的步骤为图像配准、图像融合、目标检测、目标跟踪、目标分类、目标活动分析。

随着图像技术、集成电路制造技术和无线技术的发展,可以利用微型视觉传感器节点共同监视相关区域。这些传感器平台具有低复杂性、高可移动性和耗电量低的特点。它们能够采集、处理图像,并且能智能地传送适量数据至控制中心以便进一步处理。目前,核心部件、图像配准、图像融合、目标检测算法、目标跟踪算法均在摄像头终端执行,而目标活动分析在控制中心完成。在该情况下,对图像配准、图像融合、目标检测、目标跟踪4个步骤的精度需求更高,因此传送到控制中心的信息必须精确且充分,以供进一步决策。目前应用各种资源约束传感器平台的分布式处理仍然是一个亟待解决的挑战。这些节点的有限内存、处理能力、电源问题导致运行算法的复杂性和内存需求受限。目标算法除了提供鲁棒性、精确性、实时性的结果,还必须满足能适应这些节点的低内存需求。一方面,需要继续研究提高图像配准、图像融合、目标检测和目标跟踪算法效率的方法,使监控具有一定的全自动化和可靠性。另一方面,也是更重要的,就是应该充分利用嵌入式平台的特点开发智能且简单的监控算法。

本书的显著之处在于研究了一种基于视觉节点的资源感知监控的新模式。现有经典的监控系统书籍均从标准系统的视角阐述基本图像处理步骤,并将重点放在研究新算法、提高现有算法的精度或者速度上。随着多传感器监控系统的出现,提出了多视觉平台,但仅执行基本的图像处理算法,因此尚缺乏分布式监控平台的资源受约束系统的相关算法。本书从一个全新视角阐述这些图像处理步骤,研究了视觉传感器节点的不同类型、图像处理算法和结构,这意味着从针对大型计算机开发的算法转向了针对约束视频预处理器(低复杂性、低内存需求、低供电)的算法。

本书全面研究了嵌入式监控系统中不同局部图像处理的方法。本书从资源受限的应用视角出发,研究了主要的图像处理方法以及硬件选型、仿真、实验结果等。本书的特色之处如下。

(1) 监控系统和视觉传感器网络综述:本书研究了综合设计的基础、平台、应用和研究趋势,并给出了实际问题、现实生活场景中面临的挑战以及解决思路和建议。对该课题感兴趣的读者和本领域的研究人员将会从中获益、借此深层次了解该课题、技术的状态以及未来的研究方向。

(2) 资源感知图像处理的新实用算法:开发了一套简便、高效的图像分解、图像配准、图像融合、目标检测、目标跟踪算法。所提可视节点的算法可替代适用于大型计算的现有传统技术。

(3) 优化的硬件辅助结构:开发了与上述所提优化算法相关且适用于关键部件的高效存储和高速运行的硬件结构。硬件辅助结构有助于减轻节点处理器的负担,达到高速和实时性运行。

(4) 仿真和实验结果:利用实际数据序列评估了所开发的算法和硬件结构。定量和定性结果表明该工作优于传统的大型方案。

随着视频监控系统受到学术机构、工业、政府等越来越多的关注,本书对业界专家、研究人员、研究生和教授等众多读者将会大有裨益。本书为监控系统的各种理论概念、可视传感器节点以及考虑可视化传感器节点的实际限制的局部可视化在板处理提供了全面参考。本书向读者介绍了一种图像处理的新算法,以及适用于移动平台中低电量、低内存的视觉传感器节点的硬件结构。此外,本书提供了展示所开发算法和硬件结构效果的实际实现、仿真和实验。

Mayssaa Al Najjar

Milad Ghantous

Magdy Bayoumi

目　　录

第1章 绪 论

监控系统可视为对相关环境进行监视并探测危险活动的一个重要技术工具。在安保方面,监控系统备受关注。随着图像和无线技术的发展,可利用微型视觉传感器节点集中监视相关的区域。这些节点能够采集和处理图像,并智能输送适量数据至控制中心以便进行深入的活动分析。然而,传感器平台的资源约束对视频监控提出新挑战。本章对监控系统及其应用、发展和面临的挑战进行概述。之后总结了本书的写作目的、贡献及本书其余部分的结构。

1.1 监控系统介绍

根据法语的意思,"监控"一词是指监督行动。监控是指监视在特定环境中长期和短期目标的行为。视频监控不仅试图探测、识别、跟踪在现场内的相关目标,更重要的是理解和描述目标的行为[1,2]。这些系统主要用于探测在所处环境内的可疑活动。监控系统可扩展人类对各种相关条件的洞察、推理能力,是一种重要的辅助工具。

在过去的十年中,监控系统得到学术界、工业部门及政府等的广泛关注。特别是美国"9·11"事件之后,激增的恐怖袭击和威胁,使得人们对视频监控的关注显著提升。所有领域都急需高级别的警戒和防御措施。事实上,小到监视个人私有财产,大到监视国土边界,全球对监控活动的需求快速增长。监控系统始于军事及国土安全方面的应用。此后不久,监控系统被应用到日常生活的方方面面,包括公共区域、机场、高速公路、边境,以及农场、沿海环境、生产现场的预防性监控,甚至在家中也可用于确保人身安全。

本章概述了监控系统、应用、技术发展以及基本图像处理步骤,重点阐述了传感器平台中视频监控所面临的挑战,并指出了本书的写作目的。1.1 节总结了监控系统的应用。1.2 节回顾不同监控系统的发展阶段,并指出每个研究阶段所面临的挑战。1.3 节阐明本书的撰写目的。1.4 节总结了本书的主要成果。1.5 节给出了本书的整体结构。

1.2 监控系统的应用

在犯罪率、战争、恐怖袭击和安全漏洞不断增加的时代,监控系统是探测并有望避免上述事件发生的一种手段。视频监控及其应用几乎涵盖了人们日常生活的方方面面。部分学者按商业应用对监控系统进行分类[3-5]。本章简要总结了监控系统的应用领域，反映出监控系统应用的广泛性。

（1）道路执法与高速公路交通监控。包括车速监测，闯红灯、非紧急情况占用应急车道等交通违法行为的监控[6,7]。

（2）公共和商业安全。包括公共场所的事故监测和犯罪预防[8,9]。监控的场所包括学校、银行、超市、影院、商场、停车场、体育馆以及机场、高速公路、地铁、海域环境等交通系统。

（3）环境监测和研究。包含森林火灾及其污染、动物栖息地、山地海岸、植物病害、海洋环境等的监控以及历史遗迹、考古遗址和文化遗产的监视与保护[10,11]。

（4）军事应用。包括巡逻国界、监控难民流量、监督和约、监视基地周边的安全地带、协助战场的指挥与控制[12,13]。

（5）质量检测。包括监督工业自动化进程、监测生产基地的基础设施故障及非法入侵[14]。

（6）智能楼宇与人身安全。监测家中包括盗窃、非法侵入住宅等异常活动，并为老年或体弱者的早期预警提供医疗援助，及检测疗效等[15,16]。

（7）智能化的视频数据挖掘。包括监测交通流量、人群拥挤程度、运动行为，以及收集商场和游乐园的人流量等[17]。其他领域还包括从体育活动、濒危物种统计、核能和工业设施日常维护的日志中提取统计数据。

1.3　监控系统的发展

从技术的角度来看监控系统的发展可以分为 4 个主要阶段，如图 1.1 所示。监控系统从操作员控制阶段发展到基本自动化、智能监控阶段和嵌入式智能监控阶段。每一个阶段都是建立在其上一个阶段的基础上，但在平台和算法类型上均有显著改变；监控系统的应用更加广泛，同时也面临着新挑战。

早期的监控系统也称为闭路电视（CCTV），可以追溯到 30 多年前[18]。它主要是由一个或多个模拟摄像机连接到录像机（VCR）组成，就像家用的 VCR 一样利用盒式录像带录制视频。由于盒式录像带的时间限制，引入的时延概念允许 VCR 每秒录制 4 幅、8 幅或 16 幅图像，即所谓的帧每秒（f/s）的含义。CCTV 系统的使用和功能很简单，但其面临着扩展性、质量及维护等问题。最终数字录像机取代了 VCR，同时硬盘驱动取代了录影带[19]。采集的视频通过电话调制解调器接口传输至网络，其允许用户通过个人计算机远程监控视频。然而，可用带宽非常低，限制了监控系统的功能。之后电话调制解调器装配了以太网接口，从而增加网络带宽，其重大改进是可通过个人计算机远程控制监控系统。

除了这个必要的功能，前面所提的所有系统都是预装硬件和软件的"黑盒"

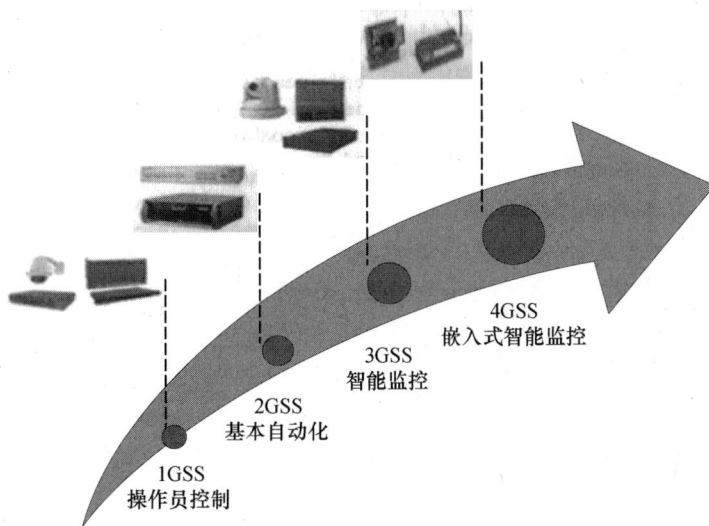

图 1.1　监控系统发展的四个阶段

解决方案。这些系统构成了第 1 代监控系统(1GSS)[20]。第 1 代监控系统由操作员控制,实现监控场景的可视化,这一代监控系统实际上不处理任何信息。采集的视频流作为模拟信号简单地传输到远程控制中心并显示在大型监视器上。然后,操作员进行分析、编译并对观察结果进行分类。这个过程没有利用计算机视觉算法辅助操作员。显然,该系统不能提供严密、长期且稳定的监控[21]。随着监视摄像头应用的扩展,人眼已无法保证能获取所有相关监控场所的信息。此外,大多数人紧盯监控屏幕进行评估的时间一旦超过 20min,注意力就会急剧下降[22]。监控系统面临的其他挑战涉及模拟视频通信问题,例如对带宽的需求和分配灵活性的问题。

　　为了保证稳定的监控质量,第 2 代监控系统(2GSS)应运而生[20]。第 2 代监控系统利用计算机视觉技术显示从传感器获取的信息并传递重要的输出信号。这些技术包括目标检测和跟踪以及用于辅助操作员的场景分析。其中场景分析只重点关注异常情况下的场景。第 2 代监控系统时代源于网络摄像头的引入,也称为 IP 摄像头[23]。所采集的视频通过网络交换机传播到 IP 网络,并能在个人计算机上查看和操控。这个系统是全数字化的。由于系统不再使用会破坏图像质量的数模转换,因此大大提高了图像质量。此外,远程摄像头增加了摇摄、倾斜和变焦功能。第 2 代监控系统成功的原因是在监视功能的基础上增加了检测与跟踪的计算机视觉算法,从而使得监控系统更智能。当时的研究重点是开发协助操作员进行检测和跟踪的计算机视觉方案。然而当所有操作和处理都在控制中心执行时,会面临单点故障的问题。

　　随着低成本高性能计算网络、移动多媒体通信和固定多媒体通信的发展,第 3 代监控系统(3GSS)诞生了。信息的数字处理分布在各层网络。单点控制和

3

监控被分布式网络摄像头和传感器所取代,从而消除了单点故障。通过各种不同形式(可见光、红外、温度、声音、振动等)的传感器获取信息,然后对信息进行融合[24]。处理过程由控制中心转移至传感器,这些传感器配备更多能在现场执行图像处理任务的智能处理器。通过在摄像头端执行一些处理,系统向控制中心传输的是知识而不仅仅是像素。监控系统还可以向操作员提供检测和跟踪出现异常情况时所获取到的信息作为反馈。此外,只有与检测目标有关的信息,才被传输到控制中心。这样将进一步减少通信带宽的需求。此后,在综合考虑计算能力和成本的情况下,为了提高图像传输和处理的鲁棒性,研究方向转向开发分布式实时视频处理技术,目的是开发更精确且实时性更强的新方法,用于目标跟踪及检测、场景分析和通信协议。特别地,设计高带宽接入网络使得监控系统能更加适用于住宅应用、公共交通及银行监控。从应用的角度来看,野外监控都是在相对复杂环境中进行的,特别是无人区、森林和山脉等环境。这具有很大挑战性,第3代监控系统(3GSS)在这方面仍有欠缺。

近年来,第4代监控系统(4GSS)转向具有高适应性的嵌入式平台和特别适合野外环境的PC平台。分布式监控可以分为两种类型:基于PC平台和基于嵌入式平台。目前多数系统都是基于PC平台的,原因是其具有丰富的资源[25-29]。然而,基于PC平台的监控系统不适合野外环境,这是因为其依赖于PC,只有体积大、功耗大、稳定性低的缺点[30]。随着集成电路制造的发展,使得开发低功耗视觉节点[31-36]和提高监控能力(例如在无人危险区和紧急情况下的监控)成为可能。这些电动节点包括芯片图像传感器,如CMOS成像器[37],其具有车载图像处理能力,可处理采集的图像并与中控站进行通信,如图1.2所示。每个单元包括一个或多个图像传感器(可见光、红外、声音、振动等)、可重构的处理模块(DSP、FPGA)、电源模块(电池、太阳能)、通信模块(WiMAX[38]/4G、WiFi、3G、Edge /GPRS)和存储模块。每一个单元都应能利用图像传感器采集图像或视频、在需要时执行配准和融合、检测和跟踪人和目标、最后用最好的无线网络传输数据(数据可为目标特性和/或位置而非原始图像)。识别威胁的高级分析在控制中心进行。在某些情况下,中心操作员可以反馈一些信号到节点,要求重点关注某些区域。这种双向通信增加了监控系统的灵活性和智能性。此外,因为此监控系统靠电池供电,并且无需依赖PC,因此,这些节点较容易最小化、广泛配置且高度稳定[30]。由于不同形式传感器可以获取不同光谱、天气条件和环境条件下的场景,故该系统可以提供更好的监控质量。另一方面,如何克服嵌入式方案所面临的挑战,仍需进一步研究。嵌入式平台中资源限制、操作许可、时钟速度、存储空间以及电池寿命等问题一直还没有解决和优化。实际上,这些系统的设计涉及多个领域的创新,重点是嵌入式计算机视觉算法。对于当前监控系统分布式和嵌入式特性来说,需要简单、节能并可精确检测、跟踪的智能嵌入式视觉传感节点。

4

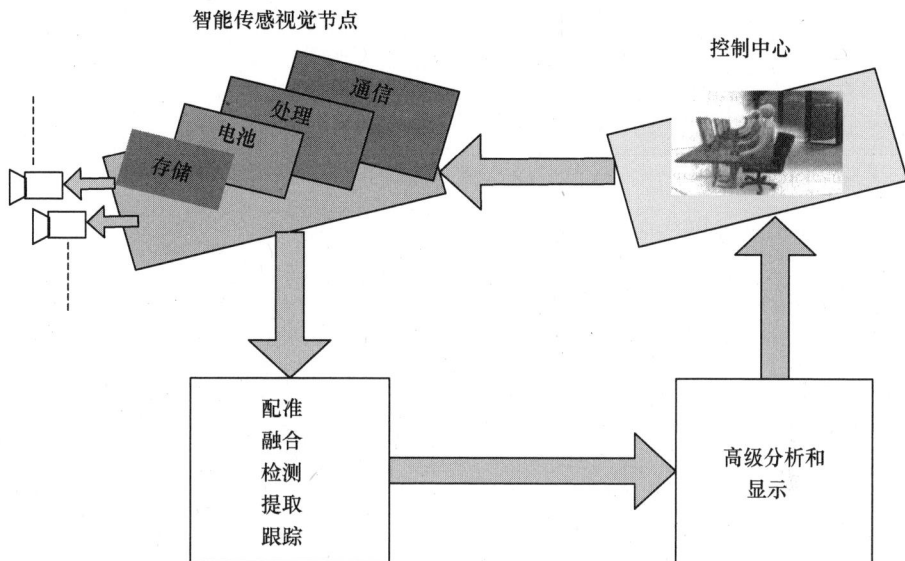

智能传感视觉节点

控制中心

存储　电池　处理　通信

配准
融合
检测
提取
跟踪

高级分析和
显示

图 1.2　采用智能传感视觉节点的第 4 代监控系统

表 1.1 总结了监控系统 4 个阶段(4 代)的主要区别及各自面临的挑战。

表 1.1　视频监控系统的 4 个阶段

1 代	2 代	3 代	4 代
不处理信息,只实现可视化	在中央层完全处理数字信息	在网络不同级分布式处理信息	嵌入式处理
有操作员执行场景分析	系统显示采集图像,发送输出信号来关注异常情况	系统只显示所需检测和表述异常情况的信息	知识传输到控制中心并反馈
缺点:高带宽,难存档/检索,检测不稳定	缺点:单点故障	缺点:体积大,功耗大,稳定性低	挑战源于嵌入式的特点:有限资源

1.4　图像处理任务

监控系统的主要挑战之一是开发智能且实时的计算机视觉算法,用于减少不可靠的人为干预。其目标是持续监视某个场景、检测可疑目标活动,并自动发出警告信号。基本的图像处理过程涉及多学科系统,如图 1.3 所示,如图像配准、图像融合、目标检测、目标跟踪、目标分类和活动分析。

图像配准和融合作为预处理步骤,可通过采集多源信息来提高图像质量。配准是几何校准两个或多个图像的过程,这些图像由不同视角、不同时间、不同传感器获得。由于摄像头位置不同或者随时间变化的光线条件变化导致图像在

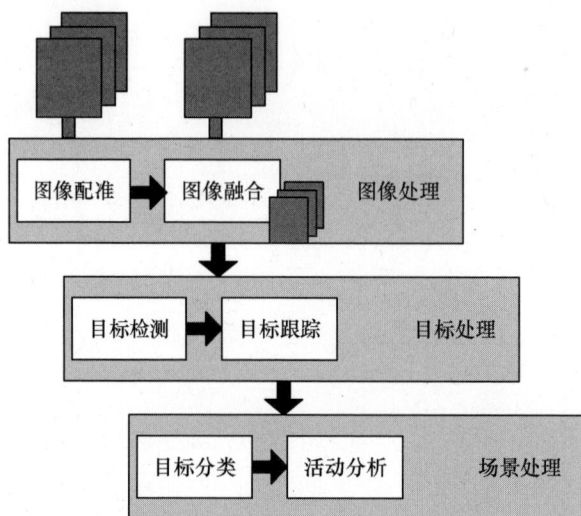

图 1.3　监控系统的图像处理步骤

平移、旋转和放缩方面有所不同。图像融合是将不同光学传感器源(如可见光和红外)获得的补充信息融合成复合图像或视频。图像融合的目的是减少存储的数据量,而保留所有源图像的显著特征,更重要的是提高监控场景的信息质量。图像融合过程必须确保源图像中的所有显著特征信息传递给合成图像。

　　一旦图像配准和融合结束,即可准备进一步的目标处理和场景分析。目标检测的目的是将图像分割为一组区域,包含并区分背景和前景(或实际移动目标)[39]。检测移动目标主要包括背景建模和前景分割。建模技术包括简单的单模室内场景及复杂但精确的室外统计模型。一旦识别到相关目标,便提取一组典型特征。这些特征可为局部特征、全局特征或依赖关系图。关系图可表示出相关区域的目标。特征用于区分和识别同一场景的多目标,以及在视频序列中跟踪多目标的位置。因此,目标跟踪表示目标随时间变化的位置和运动。值得注意的是,检测与跟踪通常是相关的。至少在初始跟踪目标时检测是必要的,跟踪需要保持检测目标的时间连续性。

　　下一步是将对象分类,如区分人、车、机械或更具体的人的类型,如区分"John"和"Suzan"等。这种分类取决于具体的监控应用。一旦确定了目标的轨迹和类型,更复杂的场景和行为分析就确定了,即可根据情况需要发出警报信号。例如,最后一步确定是否有恶意攻击、人走动或遗留诸如炸弹一类的物体。

1.5　写作目的

　　监控和摄像头随处可见。例如,伦敦地铁和伦敦希斯罗机场各安装了5000

多个监控摄像头。根据文献[40]可知,1994 年至 2004 年英国花费 40~50 亿英镑用于安装和维护英国闭路电视系统。整个系统包含 420 万个摄像头,平均每 14 个公民一个摄像头。由文献[40]可知,每个英国公民每天都会被摄像头拍摄到 300 次。特别是车载处理的智能摄像头出现后,这些监控系统的性能和功能已经经过了多年验证。

然而,安全级别并非一成不变,在遇到紧急情况或特殊情况时需要立即提升安全级别。这些情况可能包括总统前往机场、政治候选人的公开演讲、灾区(余震或飓风后)、在公共场所的炸弹威胁等。当目标安全领域和任务缺少现有的监控设备时,部署新的监控设备是个费时、繁琐的工作。在其他情况下,只是短期内需要监控,则配备固定的监控系统开销大且没必要。

安全级别的升级通常是当发生爆炸或威胁在某些特定区域发生爆炸时,如最近发生的波士顿马拉松爆炸事件。当政府接到爆炸威胁后,国家的安全等级会迅速升级。在室外、室内安装新的监控系统,例如在目标公共区域安装,毫无疑问存在高开销和时间紧的问题。此外,安装安全摄像头可能引起恐怖分子的警觉,使其寻找难以预测的方式进行袭击。提供快速、可靠、易安装的监控系统应对紧急事件,需要采用移动的第 4 代监控系统单元。这些微型供电的无线摄像头单元具有车载处理能力,易于配置,不需要电线装置,并可远程控制。然而,这种监控系统还没有完全成熟,仍面临一些挑战。

如上所述,第 4 代监控系统的主要挑战是开发智能、精确、实时的计算机视觉算法来减少不可靠的人为干预。监控系统最重要的环节就是图像配准、图像融合以及目标检测、目标跟踪这 4 个步骤。这 4 个步骤的准确性直接影响着后面对目标的活动分析,因此它们的准确性对于分布式第 4 代监控系统(4GSS)尤其关重要。因为图像处理始于摄像节点,只有与目标检测有关的信息传输到控制中心才能进一步对目标分类及场景分析。这种方式减少通信开销和电力消耗。然而,由于只有部分图像传输到控制中心,因此所传输信息必须是准确的,且足够做出进一步决策,这一点至关重要。因此,需要进一步开展研究来提高配准、融合、检测和跟踪算法的效率,这样才能达到全自动、可靠监控的目的。

另外,第 4 代监控系统要解决面临的新兴问题需要两个步骤。第一步是开发适用于第 4 代监控系统的硬件/软件平台。第二步是调整、适应上文提到的图像处理算法,以便适应嵌入式平台的硬件约束。具体方法就是大范围布置低成本摄像头。例如,使用廉价的 CMOS 摄像头代替价格昂贵的 Axis 摄像头,可以从不同角度获得场景/目标的大量信息。这种方式增加了鲁棒性和灵活性。即使一个传感器失效,其他的传感器仍能正常工作,并将数据信息传到控制中心。此外,如果多传感器节点同时观测到目标,则可提高正确跟踪目标的可能性。摄像头端的跟踪完成后,Intel 八核处理器就可在控制中心处理剩余的计算,就不需要昂贵的中央处理室了。因此,有效地利用多核系统和冗余信息,可提高对目标活动的感知。事实上,近期 IC 制造业的发展使得获取具有更高可靠性、更佳移动性以及用于嵌入式平台的低功耗芯片成为可能[41]。目前监控系统最主要的问题仍然是该平台的资源限制问题,它限制了实时输出的信息数量。目前提出的几个平台仅能执行基本图像处理算法。开发智能且简单的监控算法得益于嵌入式平台的特点。需要用全新的角度、不同的视角来看待嵌入式平台所需的算法类型。这意味着研究方向从针对大型计算机开发的传统算法向针对约束视频预处理器开发的算法转移(低复杂度、低内存需求、低功率)。

本书阐述了基于视觉传感器网络的监控系统所面临的挑战,特别是那些在摄像头端执行基本图像处理的有关挑战,包括图像配准、图像融合、目标检测和目标跟踪。对这些处理步骤的研究同样有助于其他视频监控领域的发展。本书重点提出了用于嵌入式视觉传感节点的简单、计算量小的智能算法。这一系列智能、低耗能的算法扩展了监控系统的研究,使其应用更广泛。其应用范围并不局限于突发情况的监控,还包括特殊地区的监控,如危险的军事地区和山地等。最后,提出一些硬件结构辅助软件使其能够快速得到结果。

1.6 主 要 成 果

目前第 4 代监控系统所面临的挑战是开发用于图像配准、图像融合、目标检测和目标跟踪的嵌入式算法。这些算法要达到监控系统所需的自动化和准确性高的水平,并且计算量小,适合资源受限的视觉传感器平台。本书回顾了图像分解、配准、融合、目标检测、跟踪和滞后阈值等主要技术,提出了一套高效、资源敏感的图像处理算法和视觉传感器节点的结构,本书的主要成果如下。

(1)自动多模式图像配准算法[42]。配准始于最低分辨率,主要是利用边缘检测、提取机理和互相关,给出了初始参数估计。将初始参数作为高级分辨率的搜索中心,以此来缩小搜索空间,提高搜索速度。然后利用轻量的互信息遍历整个金字塔,到达最高分辨率时为止,用这种方式可以优化参数。整个过程中,用双树复数小波变换(DT-CWT)进行分解。双树复数小波变换具有平移不变性和方向敏感性,与离散小波变换(DWT)相比计算量更小,其性能提高了约 25%。

(2)新的图像融合算法[43]。此方法结合了基于像素和基于区域融合方法的优点,形成新的混合融合算法。首先用简单的背景差分算法将重要目标/区域从源图像中提取出来。目标可分为独有目标和共有目标两类。独有目标直接转移到合成图像中,不用进一步处理。共有目标/区域通过目标/区域的活动检测来选择合适的融合规则。最后,用基于像素的融合方法融合背景信息。在执行融合步骤之前,用复杂度较低的背景差分取代多分辨率分割算法,可提高速度并降低复杂性。此外,仿真结果表明,对于给定的移动目标,融合质量提高了 47%。

(3)配准和融合的综合方法[44]。图像融合的性能受融合算法质量和配准

8

结果质量两个因素的影响。虽然图像融合存在着对配准结果的依赖性,但融合算法通常是独立开发的,通常假设图像是预先配准好的。因此当配准结果不准确时就会导致融合质量差。将配准和融合结合在一个过程中有许多优点。由于存在通用组件,可减少计算量,也可减少执行时间,提高精确度,具有弥补配准错误的能力。本书提出了一种低复杂度的多模式图像配准及融合的模块(MIRF)用于视频监控。配准与融合都基于 DT-CWT。因此只需进行一次多分辨率分解。在此优化的配准算法中,最低分辨率的初始估计用作基于小扰动方法的梯度下降法的初始值。在融合算法中用改进的背景差分技术提高目标提取的鲁棒性并可改善最终的融合结果。多模、单模的图像配准速度分别提高了 36% 和 80%。整个融合方法不受细微配准误差的影响。

(4)基于选择性高斯建模的混合目标检测方法[45]。所提方法与最常用的方法(混合高斯 MoG)相比检测速度更快、更准确[46]。算法优化的原因有:一方面选择性方法只对部分图像进行处理而不是整个图像,因此能够减少计算量。此外,由于运动区域比整个图像要小得多,因此用于像素匹配、参数更新和排序/分类等的计算量明显减少,而加速量与运动区域的大小,图像大小相关。这个变化基于目标大小,仿真实验结果表明所提选择性 MoG 方法运算速度比传统 MoG 方法提高了 60%。另一方面,通过关注属于前景像素可能性较大的像素,选择性 MoG 减小了背景像素错误划分的可能性。此外,滞后阈值通过保留弱前景,改善了灰度级图像,因此可获得更好的目标检测结果。

(5)基于对应匹配的鲁棒性自底向上跟踪技术[47]。此技术提取简单的形状、颜色、纹理特征,综合考虑了特征描述性和计算复杂度。这些特征为更关注执行速度而非精确目标特征的监控系统场合。而且能为监控提供足够的特征描述及鲁棒性。跟踪包括缩小搜索区域、基于空间临近和特征相似度的匹配。基于形状、颜色、纹理的非线性特征投票被用于解决多元匹配冲突。相关操作使跟踪技术变得简单,并且在处理遮挡和克服分割错误时可靠性强。这种技术可以跟踪多目标、处理目标合并或分割,纠正最后阶段反馈回的分割错误。此方法不需要任何先验知识,不需要目标模型假设或限制运动方向。

(6)用于滞后阈值、分类、目标特征提取的单通道基于像素的方法[48]。这个过程不需缓冲整个图像,只需要将之前的行、表来记录对应的像素光型和目标特征,是单通道完成的。输入的图像像素通过双阈值来确定像素类型。采集的目标信息和目标邻域信息分配给一个临时标记,并不断更新对应的表。由于获取目标特征和处理弱像素是同时进行的,所以不需要额外的通道再次标记像素。此外,这种策略一旦检测到目标,便会毫无延迟地传输目标信息。因此该方法能提高采集图像像素的速度(提高了 24 倍),并且减少内存需求(减少了 99%),这种方法非常适合在内存受限的平台上处理流式图像。

(7)更快速、低内存、基于块的优化策略[49]。此策略的优点包括两部分:减少内存需求、执行时间至少减半。最坏情况下，与基于像素的方法相比，该基于块的方法标记数量至少减少一半。这就意味着需要更少的位表示一个标记。此外，表格与最坏情况下标记数量成正比，因此表格的数量也随之减半，这就大大减少内存需求。提速是由于减少了表格的大小，因此在内存访问时间上，一旦每个块完成则处理就结束，而不是需要每个像素完成时才结束。对 2×1 块的比较、访问表、等价求解和决策都几乎减少一半，块越大则减少的越多。这使得基于块的设计非常吸引人，尤其是可实现实时滞后阈值和在资源受限的嵌入式平台或传感器网络上进行特征提取。块的不同大小取决于应用可允许的精度。

(8) 用于统一的滞后阈值和目标特征提取的高性能专用集成电路（ASIC）[50]。这种结构对所提的目标检测和其他可能的图像处理至关重要[51-54]。FPGA 和 ASIC 可提高传统算法的速度，而所提出的新结构有另一个优点，即由于资源有效性使得滞后过程被接受并直接映射到硬件。第一代的硬件处理像素时没有暂停，但需要数量可变的回路进行处理。它使 VGA 快速处理，在最坏情况下基于像素的方法可达到 167fps，基于块的方法可达到 250fps。第二代硬件提出更适合在大型系统集成的方法，因为它是在固定时间内处理像素。流水线式基于像素的方法可实现高达 450fps 的速度来处理 VGA 图像。

(9) 基于 Harr 变换的二维离散小波变换，结构为并行流水线式[55]：主要用于配准和融合块。是通过一种新的基于块处理的图像扫描来达到并行处理。在此并行模式中，一个 $2 \times 2n$ 块用于行处理，一个 $2 \times n$ 块用于列处理。此外，减少乘法运算，用加法/平移模块代替，这样在一个时间周期内只需要最少的硬件和执行步骤。由于没有乘法运算并且隐含降采样处理使得所提出的并行流水线结构适合于资源受限的嵌入式平台。

1.7 本书的结构

本书除第 1 章外，其余部分的结构如下。

第 2 章分别概述了视觉传感器节点及其面临的挑战和当前的使用平台。第 2 章着重阐述了新的适合视觉传感器节点要求的图像处理算法和结构需求。

第 3 章介绍了主要的图像配准方法，并且提出两种适合资源受限平台的图像配准方法，即 OESR 法和 AMIR 法。OESR 法应用优化的全局搜索来配准两幅图像，此方法属于多分辨率金字塔策略。AMIR 法为基于梯度下降优化的多模型图像配准。这两种算法性能相似，都是最先进的图像配准方法并能减少处理负担。

第 4 章首先阐述了图像融合问题，然后对混合图像融合算法进行了文献综述，并开发了低复杂度的基于 DT-CWT 的多模型图像配准和融合（MIRF）模块。这种方法使融合结果不易受细微配准误差的影响，与目前最先进的图像融合技术相比速度更快。

第5章介绍了目标检测。本章回顾主要的目标检测算法,并关注那些有可能应用于嵌入式平台的算法。本章提出了基于选择性高斯模型的混合策略(HS-MoG),此策略与传统 MoG 相比能够更加快速控制多模式背景。

第6章详细介绍了目标跟踪。本章介绍了传统的自顶向下和自底向上的技术,并简要综述了基于对应匹配和非线性投票的自底向上的策略(BuM - NLV)。这种策略继承了自底向上策略计算复杂度低的特点,并且对遮挡和分割错误等处理具有鲁棒性。

第7章涉及新的滞后阈值的优化结构、分类和特征提取(HT - OFE)。优化的结构包含两种:其中一种是结构简洁且精度高、基于像素的处理;另一种是结构是速度更快、低内存、基于块处理但精度稍低。通过真实生活图像、合成图像对 HT - OFE 方法进行仿真验证,实验结果表明在内存和速度方面 HT - OFE 优于传统结构。

第8章介绍了两种硬件架构,其中一种是针对滞后阈值和目标特征提取的快速且紧凑的 ASIC 架构。另一种是针对基于离散小波变换(DWT)的并行、流水线架构(P^2E - DWT)。

第9章总结了本书的主要成果及未来可能的研究方向。

参 考 文 献

1. W. Hu, T. Tan, L. Wang and S. Maybank, "A survey on visual surveillance of object motion and behaviors," *IEEE Transactions on Systems, Man, and Cybernetics - Part C: Applications and Reviews*, vol. 34, no. 3, pp. 334-352, 2004.

2. R. T. Collins, A. J. Lipton and T. Kanade, "Introduction to the special section on video surveillance," *IEEE Transactions on Pattern Analysis and Machine Intelligence*, vol. 22, no. 8, pp. 745-746, 2000.

3. M. H. Sedky, M. Moniri and C. Chibelushi, "Classification of smart video surveillance systems for commercial applications," in *IEEE conference on Advanced Video and Signal Based Surveillance*, 2005.

4. M. Valera and S. A. Velastin, "Intelligent distributed surveillance systems: a review," *IEEE Proceedings Vision, Image and Signal Processing*, vol. 152, no. 2, pp. 192-204, April 2005.

5. F. Helten and B. Fisher, "Video surveillance on demand for various purposes?," in *B. I. F. S. Research*, 2003.

6. D. Beymer, P. McLauchlan, B. Coifman and J. Malik, "A real-time computer vision system for measuring traffic parameters," in *IEEE Computer Society Conference on Computer Vision and Pattern Recognition*, 1997.

7. Y.-K. Ki and D.-K. Baik, "Model for accurate speed measurement using double-loop detectors," *IEEE Transactions on Vehicular Technology*, vol. 55, no. 4, pp. 1094-1101, 2006.

8. C. Micheloni, G. L. Foresti and L. Snidaro, "A co-operative multicamera system for video-surveillance of parking lots," in *IEEE Symposium on Intelligent Distributed Surveillance Systems*, London, 2003.

9. D. M. Sheen, D. L. McMakin and T. E. Hall, "Three-dimensional millimeter-wave imaging for concealed weapon detection," *IEEE Transactions on Microwave Theory and Techniques*, vol. 49, no. 9, pp. 1581-1592, 2001.

10. G. Barrenetxea, F. Ingelrest, G. Schaefer and M. Vetterli, "Wireless sensor networks

for environmental monitoring: the SensorScope experience," in *IEEE International Zurich Seminar on Communications*, Zurich, 2008.

11. T. H. Chen, P. H. Wu and Y. C. Chiou, "An early fire-detection method based on image processing," in *IEEE International Conference on Image Processing*, Singapore, 2004.

12. L. Cutrona, W. Vivian, E. Leith and G. Hall, "A high-resolution radar combat-surveillance system," *IRE Transactions on Military Electronics*, Vols. MIL-5, no. 2, pp. 127-131, 2009.

13. M. Skolnik, G. Linde and K. Meads, "Senrad: an advanced wideband air-surveillance radar," *IEEE Transactions on Aerospace and Electronic Systems*, vol. 37, no. 4, pp. 1163-1175, 2001.

14. J. Wang, C. Qimei, Z. De and B. Houjie, "Embedded wireless video surveillance system for vehicle," in *International Conference on Telecommunications*, Chengdu, China, 2006.

15. S. Fleck and W. Strasser, "Smart camera based monitoring system and its application to assisted living," *Proceedings of the IEEE*, vol. 96, no. 10, pp. 1698-1714, 2008.

16. J. Krumm, S. Harris, B. Meyers, B. Brumit, M. Hale and S. Shafer, "Multi-camera multi-person tracking for easy living," in *IEEE International Workshop on Visual Surveillance*, Dublin, 2000.

17. J. Wang and G. Zhang, "Video data mining based on K-Means algorithm for surveillance video," in *International Conference on Image Analysis and Signal Processing*, Hubei, China, 2011.

18. C. Norris, M. McCahill and D. Wood, "The growth of CCTV: a global perspective on the international diffusion of video surveillance in publicly accessible space," *Surveillance and Society*, vol. 2, no. 2/3, pp. 110-135, 2004.

19. H. Kruegle, CCTV surveillance: video practices and technology, Elsevier Butterworth-Heinemann, 2007.

20. G. L. Foresti, C. S. Regazzoni and R. Visvanathan, "Scanning the issue/technology: Special issue on video communications, processing and understanding for third generation surveillance systems," *Proceedings of the IEEE*, vol. 89, no. 10, pp. 1355-1367, October 2001.

21. C. P. Diehl, "Toward efficient collaborative classification for distributed video surveillance," Pittsburgh, 2000.

22. M. W. Green, "The appropriate and effective use of security technologies in U.S. schools. A guide for schools and law enforcement agencies," 1999.

23. "IP surveillance: the next generation security camera application," July 2005. [Online]. Available: ftp://ftp10.dlink.com/pdfs/products/IP_Surveillance_Solutions_Brief.pdf.

24. Z. Zhu and T. S. Huang, Multimodal surveillance: sensors, algorithms, and systems, Artech House, 2007.

25. R. T. Collins, A. J. Lipton, T. Kanade, H. Fujiyoshi, D. Duggins, Y. Tsin, D. Tolliver, N. Enomoto and O. Hasegawa, "A system for video surveillance and monitoring," Pittsburgh, 2000.

26. I. Haritaoglu, D. Harwood and L. S. Davis, "W4: real-time surveillance of people and their activities," *IEEE Transactions on Pattern Analysis and Machine Intelligence*, vol. 22, no. 8, pp. 809-830, August 2000.

27. P. Remagnino and G. A. Jones, "Classifying surveillance events from attributes and behaviour," in *British Machine Vision Conference*, Manchester, 2001.

28. M. Shah, O. Javed and K. Shafique, "Automated visual surveillance in realistic scenarios," *IEEE Multimedia*, vol. 14, no. 1, pp. 30-39, January 2007.

29. Y. L. Tian, M. Lu and A. Hampapur, "Robust and efficient foreground analysis for real-time video surveillance," in *IEEE Computer Society Conference on Computer Vision and Pattern Recognition*, San Diego, 2005.

30. Y. Guan, J. Zhang, Y. Shang, M. Wu and Y. Liu, "Special environment embedded surveillance platform," in *China-Japan Joint Microwave Conference*, Shanghai, 2008.

31. M. Rahimi, R. Baer, O. I. Iroezi, J. C. Garcia, J. Warrior, D. Estrin and M. Srivastava, "Cyclops: in situ image sensing and interpretation in wireless sensor networks," in *International Conference on Embedded Networked Sensor Systems*, New York, 2005.

32. F. Dias, P. Chalimbaud, F. Berry, J. Serot and F. Marmoiton, "Embedded early vision systems: implementation proposal and hardware architecture," in *Cognitive System for Interactive Sensors*, Paris, 2006.

33. I. Downes, L. Baghaei Rad and H. Aghajan, "Development of a mote for wireless image sensor networks," in *Cognitive systems for Interactive Sensors*, Paris, 2006.

34. Z. Y. Cao, Z. Z. Ji and M. Z. Hu, "An image sensor node for wireless sensor networks," in *International Conference on Information Technology: Coding and Computing*, Las Vegas, 2005.

35. R. Kleihorst, B. Schueler and A. Danilin, "Architecture and applications of wireless smart cameras (networks)," in *IEEE Conference on Acoustics, Speech and Signal Processing*, Honolulu, 2007.

36. S. Hengstler, D. Prashanth, S. Fong and H. Aghajan, "MeshEye: a hybrid-resolution smart camera mote for applications in distributed intelligent surveillance," in *International Symposium on Information Processing in Sensor Networks*, Cambridge, 2007.

37. M. El-Desouki, M. Jamal Deen, Q. Fang, L. Liu, F. Tse and D. Armstrong, "CMOS image sensors for high speed applications," *Sensors, Special Issue Image Sensors*, vol. 9, no. 1, pp. 430-444, January 2009.

38. K. Lu and et al., "Wireless broadband access: WIMAX and beyond - a secure and service-oriented network control framework for WIMAX networks," *IEEE Communication Magazine*, no. 45, 2007.

39. L. G. Shapiro and G. G. Stockman, Computer vision, 1 ed., New Jersey: Prentice Hall, 2001.

40. V. Lockton and R. S. Rosenberg, "Technologies of surveillance: evolution and future impact," [Online]. Available: http://www.ccsr.cse.dmu.ac.uk/conferences/ethicomp/ethicomp2005/abstracts/71.html.

41. S. Soro and W. Heinzelman, "A survey of visual sensor networks," *Advances in Multimedia*, vol. 2009, 2009.

42. M. Ghantous, S. Ghosh and M. Bayoumi, "A multi-modal automatic image registration technique based on complex wavelets," in *International Conference on Image Processing*, Cairo, 2009.

43. M. Ghantous, S. Ghosh and M. Bayoumi, "A gradient-based hybrid image fusion scheme using object extraction," in *IEEE International Conference on Image Processing*, San Diego, 2008.

44. M. Ghantous and M. Bayoumi, "MIRF: A Multimodal Image Registration and Fusion Module Based on DT-CWT," *Springer Journal of Signal Processing Systems*, vol. 71, no. 1, pp. 41-55, April 2013.

45. M. A. Najjar, S. Ghosh and M. Bayoumi, "A hybrid adaptive scheme based on selective Gaussian modeling for real-time object detection," in *IEEE Symposium Circuits and Systems*, Taipei, 2009.

46. C. Stauffer and W. E. Grimson, "Adaptive background mixture models for real time tracking," in *IEEE Computer Society Conference on Computer Vision and Pattern Recognition*, Ft. Collins, 1999.

47. M. A. Najjar, S. Ghosh and M. Bayoumi, "Robust object tracking using correspondence voting for smart surveillance visual sensing nodes," in *IEEE International Conference on Image Processing*, Cairo, 2009.

48. M. A. Najjar, S. Karlapudi and M. Bayoumi, "A compact single-pass architecture for hysteresis thresholding and component labeling," in *IEEE International Conference on Image Processing*, Hong Kong, 2010.

49. M. A. Najjar, S. Karlapudi and M. Bayoumi, "Memory-efficient architecture for hysteresis thresholding and object feature extraction," *IEEE Transactions on Image Processing*, vol. 20, no. 12, pp. 3566-3579, December 2011.

50. M. A. Najjar, S. Karlapudi and M. Bayoumi, "High-performance ASIC architecture for hysteresis thresholding and component feature extraction in limited-resource applications," in *IEEE International Conference on Image Processing*, Brussels, 2011.

51. J. Canny, "A computational approach to edge detection," *IEEE Transactions on Pattern Analysis and Machine Intelligence*, vol. 8, no. 6, pp. 679-698, November 1986.

52. P. Meer and B. Georgescu, "Edge detection with embedded confidence," *IEEE Transactions on Pattern Analysis and Machine Intelligence*, vol. 23, no. 12, pp. 1351-1365, December 2001.

53. R. Estrada and C. Tomasi, "Manuscript bleed-through removal via hysteresis thresholding," in *International Conference on Document Analysis and Recognition*, Barcelona, 2009.

54. W. K. Jeong, R. Whitaker and M. Dobin, "Interactive 3D seismic fault detection on the graphics hardware," in *International Workshop on Volume Graphics*, 2006.

55. C. K. Chui, An Introduction to Wavelets, San Diego: Academic Press, 1992.

第 2 章　视觉传感器节点

图像和视频技术目前的新进展是采用新模式的传感器网络,即视觉传感器网络(VSN)。VSN 近来获得了广泛关注。VSN 的应用包括监控和远程监控。VSN 由价格低廉且功耗低的视觉传感器节点组成。这些节点具有数据感知、数据处理以及数据通信的能力。这些小节点可以采集大量的图像信息,并能够处理和发送所提取的数据到控制中心进行进一步数据分析。由于采集和处理大量数据面临平台资源有限的问题,因此 VSN 的设计和实现面临很多挑战。本章针对视觉传感器节点及其结构、面临的挑战进行了概述,并回顾了现阶段可用的 VSN 平台,比较了这些平台的处理能力。此外,本章还强调了目前对于计算复杂度低且高效的图像处理算法和结构的需求。

2.1　引　　言

随着无线通信和低功耗传感器节点设计的发展,无线传感器网络(WSN)成为全球的研究热点。WSN 包括空间分布式传感器,可在给定环境中与摄像头配合使用,采集数据[1]。此传感网络具有数据感知、数据处理、数据通信的能力。

图像技术的发展促进了新的分布式传感器网络 – 视觉传感器网络(VSN)的发展。VSN 包括小型电池供电的视觉传感器节点,这些节点集成了图像传感器嵌入式处理器和无线收发器。VSN 可以获取并处理那些通过网络传输的视觉数据到控制中心进行进一步处理,如图 2.1 所示[2]。VSN 与 WSN 的不同之处在于其数据采集和处理方式。WSN 的传感器获取标量测量值,例如温度、声音、震动和压力等;与 VSN 数据相比,WSN 所得的测量值是有限的[3]。VSN 的图像传感器包括大量感光单元,这些单元可获取二维数据集或图像[2]。因此 VSN 对于相关场景能获得更丰富的描述信息。局部处理是提取场景的重要信息,因此节点只将智能数据传到控制中心。

这些采集、处理、通信功能可广泛应用于基于视觉的应用上。VSN 可用于监控、智能楼宇及其他领域。VSN 的部分应用总结如下。

(1)公共场所监控。VSN 可用于公共场所的监控,例如公园、商场、道路交通等地的监控,还可用于生产基地基础设施的故障监测、及各种公共场所的事故监测和犯罪预防[4,5]。

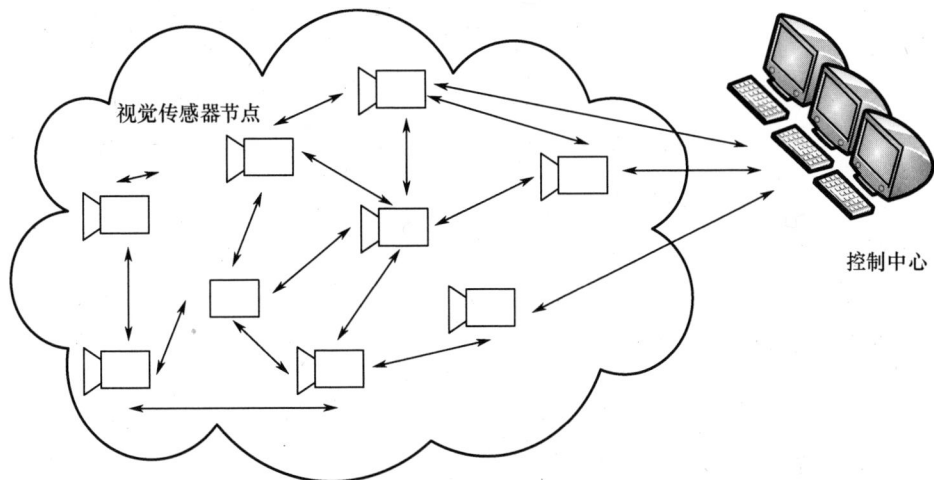

图 2.1　视觉传感器网络

（2）环境和建筑监控。VSN 是预警滑坡、火灾或山洪等灾害的有效手段，也可用于历史、考古遗址的检测。因此 VSN 可在这些地区预防事故的发生[6,7]。

（3）军事侦察。VSN 可用于监控国土边界，监测难民流，协助提供战场指挥和控制[8,9]。

（4）智能楼宇和智能会议室。VSN 可以对幼儿园、病人以及需要特别照顾的老人进行持续监控，有助于衡量医疗效果和预警[10]。VSN 也可用于电话会议和远程会议。

（5）远程监控系统。基于 VSN 的远程监控系统使用户可看到远程地点的全景，就好像用户真的处在那个地点一样[11]。

然而，数据量越大，所需要的数据处理和通信就越多，这就增加了分析的复杂度，进而消耗更多的资源。对于资源有限的 VSN 来说，处理大数据是一个极大的挑战。VSN 所面临的挑战还包括摄像头视野问题、低功耗数据的处理以及可靠的延迟感知通信协议。

本章概述了视觉传感器节点的结构、VSN 面临的挑战及现有平台。本章其余部分的结构如下。2.2 节介绍了视觉传感器节点的设计结构。2.3 节讨论了 VSN 面临的挑战，主要是关于视觉数据处理、传感器控制及通信协议方面。2.4 节重点比较了最新 VSN 平台的处理能力。本章强调了对适合 VSN 等资源受限平台的新的图像处理算法及结构的需求。余下章节会重点论述这些内容。

2.2　视觉传感器节点结构

视觉传感器节点为微型、电池供电的图像传感器、嵌入式处理器和无线接收器的节点。这些节点可执行以下操作：获取场景的图像或视频，并对其进行局部处理,提取相关信息,将这些数据(而非原始图像)传输到用于活动分析的控制中心。

标准节点的主要模块如图 2.2 所示,主要包括传感模块、处理模块、存储模块、通信模块、电源或能源模块。基本模块和它们的连接方式在不同平台各不相同。一些研究人员使用完全现成的元件来组成一个节点[12],也有人将设计的模块集成于一个节点。例如,CITRIC 节点包含成像模块和 Tmote Sky 无线模块[13]。其他的节点在一个单板上执行所有的模块[14],优点是减少芯片间通信产生的电量耗散。本节会依次介绍每一种模块。关于 VSN 上所用特定元件的更多细节将在 2.4 节中详细介绍。

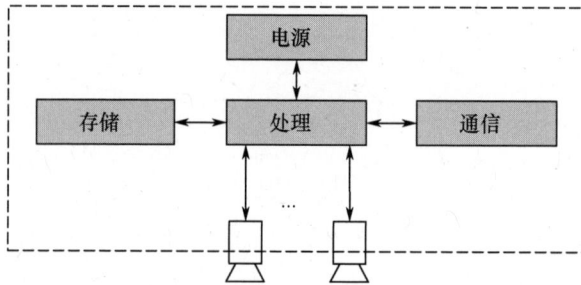

图 2.2 可视节点框图

传感模块包括一个或多个用于采集图像、视频序列的图像传感器。大多数嵌入式平台都有一个集成的 CMOS 图像传感器。尽管 CCD 元件在 2004 年前是最佳的图像采集技术,但随后 CMOS 传感器超越了 CCD。特别是在限制环境下,所有图像获取技术中 CMOS 更具优势[15]。这主要是由于 CMOS 低功耗(功耗是 CCD 的 1/10)、低成本、易于将所有摄像头功能集成到一个芯片,显著减少了芯片数量和电路板的空间[15]。此外,CMOS 与 CCD 相比灵敏度相当,甚至有时灵敏度优于 CCD。CMOS 传感器可以消除误点和其他能影响图像质量和安全系统完整性的情况。一些 CMOS 成像设备还具有双模夜视、近红外能力。这对提供 24h 持续监控非常重要。实际上,充分利用多模方式可获得更好的场景视图。多模方式包括可见光、热红外和立体声。

处理和存储模块负责处理所有视觉数据的操作,包括图像处理任务和处理中的数据缓冲。虽然 VSN 是一种基于传感器的系统,但采集和处理大量数据需要相当强大的处理器和存储空间。处理器和内存的选择有三种方式。①一些节点,如 Panoptes[12]和 Meerkats[16]都是相对强大、通用的处理器和大存储元件(内置或外接存储卡)设计,以此获得高性能;缺点是它们导致很高的耗电量(几瓦)。②采用计算复杂度低的微处理器或微控制器(单片机/MCU)和专门可重构的硬件组件来处理关键部分。如 Cyclops 中的背景差分法是由 CPLD 执行,而所有其余操作由计算复杂度低的处理器完成[17]。MicrelEye 使用 FPGA 来完成计算任务[18]。③最后一种类型的节点使用中级处理器,耗电量适中(少于

16

1W)。此类型的 VSN,如 FireFly Mosaic[19]和 Vision Mote[20],使用具有较高工作频率和能力的 32 位处理器。

通信模块或无线接收器负责与总站通信并协同网络中的其他节点。当前平台的无线种类为 CC1000[21]、CC2420[22]、蓝牙[23]和 IEEE 802.11[24]。CC1000 收发器是专为超低功率、超低电压的无线应用设计的。它支持 38.4kb/s 原始信道速率[17]。CC2420 芯片是另一种符合 2.4GHz IEEE 802.15.4 标准的射频收发器,这是专为低功率、低电压无线应用设计的。CC2420 支持 250kb/s 传输速率,这个速率还不足以实时传输质量良好的图像[13,14]。蓝牙可达到 230.4kb/s,但理论上最大能达到 704kb/s[18]。IEEE 802.11 支持实时视频流,但缺点是具有更多的功率损耗[12,16]。

电源模块负责给节点供能。大多数视觉节点通常是电池供电。可再生能源和太阳能是近期研究的有可能的替代性电源,用于延长网络寿命[25]。这个思路是将环境能源(例如太阳能、热能、风能、盐度梯度、动能)转换成电,为节点供能。然而目前所提出的方法只可产生有限的电量,间断地为节点供能[26]。节能的方法(在传感、通信和数据处理方面)大多需要减少节点耗电量。

操作系统(OS)方面,节点可以运行通用的操作系统、专用操作系统,或根本没有操作系统[27]。通用操作系统如 Linux,可以灵活更改元件来适应应用的需求[12,13,16]。通用系统编译、成型容易,但是与专用操作系统相比开销大、耗电量多。专为传感器网络设计的操作系统如 TinyOS、Nano - RK 需要的硬件最少[17,18]。此外,一些包括 MeshEye 的节点则没有操作系统,它们是利用有限状态机器负责资源管理[14,18]。这种方式处理速度更快,更节能,但硬件编程时间更长[27]。

综上所述,本节论述了视觉节点的通用结构。不同种类的节点是根据所用的传感器、硬件处理、传输能力、集成水平和操作系统的种类决定的[27]。实际应用中,对传感器类型的选择、硬件处理方式选择、传输能力的要求、系统集成水平和操作系统的要求,直接决定了节点的功能、性能、耗电量和可应用的范围。2.3 节讨论将节点并入 VSN 时所面临的主要挑战。

2.3　VSN 的挑战

VSN 具有采集相关场景大量数据的能力,但是可用的节点资源和网络带宽有限,因此 VSN 的设计和实现面临以下挑战。

首先,需要在单片机上处理大量的数据以产生有用数据,并减少传输到网络的数据量,但是通常会受到节点资源(内存和功率)的限制。其次,摄像头位置和操作模式(激活/睡眠)需要精心选择,以此保证在最小耗电量下的持续监控。再次,需要可靠、延迟感知的通信协议满足 QoS 的需求。其他的挑战包括安全、身份验证和隐私问题。数据保密性和身份认证问题得到学者们的广泛重视,这在监控应用中至关重要,因为采集的个人敏感数据可能会被滥用和传播。

本节详细论述的问题包括视觉数据处理、传感器管理和通信协议。此外,本节还对每一个领域的相关研究工作进行总结。

2.3.1 视觉数据处理

与其他传感器系统相比,目标视觉是 VSN 最显著的特点之一。视觉传感器具有采集大量监视场景图像的能力。它对原始图像进行局部处理,并只将部分有用数据传输到控制中心供进一步分析,或传输到其他节点进行协同处理。在车载情况下完成这些步骤是非常具有挑战的,因为这些节点资源有限(电量或内存)。此时,用于大规模计算机的传统处理算法将不再适用。算法必须进行改进,保证能适应资源限制的平台。因此,需要开发高效、计算复杂度低的图像处理算法结构,其中包括图像预处理的算法、目标处理算法以及预传输。

图像配准和融合作为预处理步骤,可通过采集多源信息来提高图像质量。配准将两个或两个以上的从不同视角、时间、传感器获得的图像进行结合。图像融合把来自不同光学传感器的互补信息结合为合成图像。尽管图像配准和图像融合这两个步骤非常重要,但在视觉节点的融合、配准方面还没有突破性的研究。异构或多模传感器的同构 VSN 都格外需要性能好的图像融合和配准。实际上 VSN 包括同构和异构两种结构[3]。所谓同构是指网络中的所有节点均含有相同种类的摄像头并且执行相同的功能。同构可以降低网络的复杂性,适合有大量自组织节点的大规模 VSN。所谓异构是指网络的摄像节点有不同的功能,因此整体性能更好。异构 VSN 整体上比同构 VSN 电量消耗少,但是增加了复杂度。异构网络通常分为多个层次。可将不同传感器及不同功能安排到不同的层次,如目标检测和跟踪,就在不同的层次执行。SensEye 是一个异构多层摄像传感器网络,遵循不同层执行不同功能的模式[28]。第一层使用 Mote 节点和 CMUCam3 传感器检测目标位置。一旦检测到目标,第二层的网络摄像头被激活,执行目标识别。然后高分辨率旋转变焦摄像头在最后一层执行目标跟踪。这就引出另一种图像处理过程——目标处理。

目标检测和跟踪能识别场景中感兴趣的目标,并识别目标的特点和轨迹。这些数据之后被传输到场景分析的控制中心。目标检测方法主要包括三种:帧间差分法、背景差分法和光流法[29,30]。第一种方法包括连续图像相减,通过阈值与差值来分析。帧间差分法简单且适合 VSN,但是可靠性不强,不能检测所有的目标像素。背景差分法可以有更好的检测结果,但对场景中的动态变化敏感。背景差分法将当前帧与背景模型或背景图像作对比,而不是与前一帧图像对比。目前有一系列不同的背景模型技术,有简单的,也有更复杂、更精确的方法处理场景中变化。光流法依赖目标的流矢量来识别前景图像。这种方法计算

18

量大,不适合 VSN。此外,目标跟踪算法还包括自顶向下或自底向上策略。自顶向下策略善于处理过滤和数据关联;自底向上策略善于处理目标表示和定位。前者需要大量的矩阵运算,而这通常在运算中需尽量避免。自底向上策略进行目标检测后进行相关、相似性匹配。目前帧间差分法已在一些平台上得到应用,如 FireFly[19]、CITRIC[13]。大多数平台采用背景差分法。例如,Cyclops 用连续均值滤波来估测背景[17]。MicrelEye 也用背景差分法,其假设了一个固定背景[18]。为了减少计算量,MeshEye 首先执行背景差分法和立体匹配低分辨率图像(30 像素 × 30 像素)。一旦目标检测、匹配完成,会启动高分辨率图像,之后对图像中的相关区域进行拍照。当匹配目标时,如位置、速度、边界框等简单的特征会被提取出来[13,16]。选择跟踪和匹配方案时大多考虑到算法的简易性,但是背景差分法在复杂的户外场景下对目标的检测与跟踪并不可靠。这一点会在 2.4.11 节中进一步解释。

预传输步骤包括视频编码和压缩,这有助于进一步压缩传输到控制中心的数据量。编码主要分为两种:帧内编码和帧间编码。前者也称为编码变换,如离散余弦变换或小波变换,用于有损压缩。后者也称为运动补偿预测,视频压缩率更高,但计算量更大。传统的方法如帧间编码,不适用于 VSN。帧间编码以高复杂率、消耗内存资源以及高功耗为代价获得高分辨率图像。大多数 VSN 平台如 Cyclops[17]、Mosaic[19]、Panoptes[12] 以及使用质量可分级的 JPEG 或特定平台优化的 JPEG 压缩编码进行帧内压缩。Redondo 等提出一种混合编码,即结合帧内和帧间的编码,其充分利用了二者的优点[31]。CITRIC 用到了另一种不同的概念——压缩传感,其可有效地感知图像信号并快速压缩图像信号[13]。这个思路得益于信号的稀疏性,即可以通过相对较少的测量确定整个信号[32,33]。压缩传感有可能代替 VSN 的编码和压缩,然而这一点仍需进一步研究。分布式信源编码(DSC)是基于 Slepian – Wolf 和 Wyner – Ziv 理论的另一种方法。与传统的预测性解码不同,DSC 在每个节点独立编码并在控制中心联合解码。DSC 将算法的复杂性转移到解码上,降低了功耗,减少传输率并增强容错性[27]。Di 等提出了一种改进的 DSC 方案,他们将视频数据分为若干个次信源以便利用额外的视频数据并产生更多可靠的运动矢量[36]。尽管 DSC 已被广泛研究,但尚未实际应用在 VSN 上。根据文献[37]可知,结合 DSC 和网络编码可在性能和降低耗电量方面有显著提高。

总之,当前计算复杂度低的图像处理方案无法满足视频监控所需的精度。由于图像处理的输出值是控制中心进一步分析的基础,因此选择合适、有效的车载视觉处理技术至关重要。然而精确的图像处理算法往往需要大量计算和存储空间,这会迅速消耗节点(如果算法首先在节点执行)。低功率的图像操作、协作视觉处理和编码都是 VSN 中非常有前景的研究领域。现在急需开发出计算复杂度低并且可靠的 VSN 图像处理算法和结构。第 3 章会重点对此进行论述。

2.3.2　传感器管理

　　VSN 由若干个空间分布式节点获得广泛、有效的监控场景。以传感器管理对于最小耗电，甚至当某些视觉传感器失效时，维持最全面的监控场景覆盖至关重要。为了满足上述需求，必须考虑到一些设计问题。首先，每个摄像头的位置、方向、操作方式需要精心挑选以便确保场景覆盖良好。因此，如何布置具有旋转可变焦能力的摄像头或多模摄像头是有待解决的问题。其次，智能且复杂度低的传感器管理方案应确保系统在最小耗电量下具有一定的容错性。具体方式是让冗余节点休眠来节约电量、延长网络寿命。当需要时(特别是当其他节点失效时)再将冗余节点激活。总之，摄像头的覆盖和管理包含选择、调度和优化节点活动，以此确保在最小耗电量下的覆盖率需求。用于无线传感器网络 WSN 的有效优化算法被广泛开发[38]，但是开发适用于 VSN 的优化算法更具挑战性。这是因为三维摄像头覆盖广泛，具有更多的控制参数和电源限制[3]。

　　Huang 等提出一种解决覆盖问题的方法，这种方法将三维空间减少到二维，之后减少到一维[39]。此方法将摄像头安装在同一平面，假设镜头的焦距固定，因此简化了摄像头的覆盖问题[3]。例如，将一些监控摄像头安装在天花板或面向下的建筑上，这样会产生矩形的视野，这种方式也可用于 WSN 应用。Soro 和 Heinazelman 实现一种 WSN 应用感知布线和 VSN 的覆盖保留协议[40]，目的是控制哪些是活跃节点，哪些是休眠节点，以此来最小化耗电量。然而此协议并没有达到预期的效果。现在急需适用于 VSN 的特定布线和覆盖保留协议[39]。这一领域还没有相关的研究报道。Yoshida 等使用的协同控制模型中，旋转变焦摄像头可动态调整其覆盖范围，可维持场景的全覆盖而无需任何中央控制[41]。摄像头根据现场条件和系统结构的变化，通过使用空间模式发生器来调整视野。通过调整视野使相邻节点重叠，这样可以减少监控区域的盲点。然而，还需要更多的研究来优化传感器管理以满足 VSN 的电源约束。

2.3.3　通信协议

　　由于资源有限及严格的服务质量(QoS)要求，通过无线网络支持多媒体应用并不容易。服务质量要求包括可靠的数据传输、低速率延迟且不会损失能源效率。

　　VSN 严重依赖数据处理以及大量数据从节点到控制中心或其他节点的传输过程。可靠的数据传输是 VSN 必须解决的重要问题之一。WSN 用数据重传和链路层误差校正来处理传输问题[42]。然而重传视觉数据在 VSN 引入明显的延迟，会降低网络质量，减少可用带宽[43]。与重传不同，图像压缩和数据聚合用单路径路由方案来满足服务质量要求并可延长网络寿命。Lecuire 等提出基于小波的图像传输方法，可以将一个图像分解为不同优先级的数据包[44]。首先传送较高优先级的数据包,其余数据包只当节点电池电量超过给定阈值时传输。一种方法是用低功耗误差修正编码器来确保有效的数据传输。例如,Reed Solomon 编码器在传输代码时,若达到容错极限 16 个则减少传输数据量[45]。(255,223)Reed Solomon 编码器容错更多,所需重发次数更少,因此与原 Reed Solomon 编码器相比耗电量更低[46]。此外,由于多路径路由可减少数据包损失并有效平衡功耗,因此可取代单路径路由[47]。另一种方式是分散多条源汇路径的负担从而避免网络阻塞[48],可减少网络的损失并提高可靠性。然而产生的多级延迟会成为实时视频监控需要解决的问题。

一些节能、延迟感知的媒体访问控制(Medium Access Controt,MAC)协议用于减少多级延迟[49]。主要思想是适应基于网络流量的节点操作(休眠和活跃时间)。如 Ye 等人提出了一种 MAC 协议,其用自适应监听来控制节点操作[50]。此外,他们开发的统一跨层方法在网络中可将延迟最小化。实际上,延时发生在网络协议栈的不同层,产生原因可能是信道竞争、包重传输、长数据包队列、节点错误和网络阻塞[2]。跨层设计并不会对每个层单独设计,而是将协议栈的不同层紧密联系,作为一个整体来提高系统性能。所有层被认为是相关的。一个层的信息在其他层是可见的,并且可以在低层优化。2.4 节中会列出一些具体跨层设计。Andreopoulos 等提出的优化算法可以找到最佳路由选择、媒体访问控制层的重发次数最大值及物理层的最佳调制策略[51]。从而使网络容量效用函数最大化,求出延迟约束满足给定延迟约束的最佳调制容量分布效用函数。Li 和 Der Schaar 将应用层与 MAC 策略结合,提高了多媒体质量[52]。Der Schaar 和 Turaga 通过优化 MAC 重传策略、应用层正向误差修正、带宽自适应压缩以及自适应分组策略提高可调视频传输的鲁棒性和效率[53]。

需要注意的是,大多数研究侧重于通过通用无线网络传输视觉数据。目前需要开发优化的 VSN 跨层解决方案。另一个值得进一步研究的领域是协同图像数据路由[2]。跨层优化应包括视角重叠区域不同摄像头间的协同策略,这样可最小化数据传输量。

2.4　常用 VSN 平台

本节介绍 10 种常见的 VSN 平台。如 2.2 节所述,所有的这些平台共用同样的通用模块。这些平台均是电池供电,由一些图像传感器、处理器、内存和通信卡组成。基础组件的选择和它们集成的方式在不同平台里各不相同,对应着不同的功能和应用。

以下各小节总结了每个节点中使用的硬件元件、操作系统、典型应用和局部图像处理操作。然后从计算复杂度由低到高依次介绍几种常用的 VSN 平台。平台包括 Cyclops[17]、MeshEye[14]、XYZ - Aloha[54]、FireFly Mosaic[19]、Micrel-

Eye[18]、Vision Mote[20]、CITRIC[13]、WiCa[55]、Panoptes[12]和 Meerkats[16]。如表 2.1 所列比较了不同平台的处理能力,着重对比了不同平台执行的图像处理任务(这是本书的重点)。此外,本节强调了对精确并且复杂度较低的图像处理算法和结构的需求。这些算法可用于融合、配准、目标检测和跟踪。

2.4.1 Cyclops

Cyclops 是一种最轻量的智能节能的视觉传感器[17],具有多层结构,可以用 IEEE 802.15.4 协议和基于 ZigBee 的 Mica2 无线传感器节点集成于基于 TinyOS 的 Cyclops 板上[56]。Cyclops 板包括的元件如下[17]:超小型 CIF 分辨率的 ADCM‐1700 CMOS 成像仪、8 位 ATMEL ATmegal2 RISC MCU、Xilinix XC2C256 CoolRunner CPLD、64kB 外置 SRAM(东芝的 TC55VCM208A),以及 512kB 外置 CMOS Flash 可编程、擦除的只读内存(Atmel 的 AT29BV040A)。SRAM(静态随机存储器)用于图像缓存。Flash 用于永久性模板存储。MCU(单片机)负责控制 Cyclops 和 Mica2 间的通信。背景差分法等关键技术部分和图像采集都在 CPLD 内执行。它通过让所有空闲模块休眠的方式达到省电的目的。Cyclops 最大的功耗约为 110.1mW。

Cyclops 用于目标检测和手势识别的应用。简单、复杂度低的背景差分法用于目标检测。背景差分法会涉及移动平均滤波和前景检测的单阈值。关于手势识别,Cyclops 用方向直方图转换来提取特征向量,这种方式具有平移不变性且对光照变化具有鲁棒性的优点。

2.4.2 MeshEye

MeshEye 是一个集成图像仪、处理器、内存和无线帧的单板[14],其使用两种图像仪:两个低分辨率 ADNS‐3060 高亮度光电鼠标(30 像素×30 像素)和一个 VGA 像素 ADCM‐2700 风景 CMOS 摄像头。其余元件包括一个 Atmel AT91SAM7 处理器、64kB SRAM、256kB FLASH、256MV MMC/SD 内存卡及 CC2420 2.4GHz IEEE 802.14.4/基于 ZigBee 无线通信模块[14]。MeshEye 没有操作系统,它依靠有限状态机(FSM)进行资源管理和调度。最大功耗为 175.9mW。

MeshEye 用于低功率分布式监控。常规的视觉任务包括目标检测、立体匹配和目标识别。背景差分法首先应用在低分辨率图像上,包括将当前图像与背景图像比较、阈值差和 blob 滤波。基于相关性的立体匹配在低分辨率中执行。一旦检测或匹配目标,便激活高分辨率摄像头获取这一区域的快照,为进一步处理做准备。

2.4.3 XYZ‐Aloha

XYZ‐Aloha 集成了两个板[54]:XYZ 节点和 Aloha 图像仪。XYZ 节点包括

32 位 OKI ML67Q500x ARM THUMB MCU、32kB 内置 RAM 和 256kB FLASH、2MB 外置 RAM 和 Chipcon CC2420 无线收发器。其他图像仪用 XYZ 节点进行测试,如 OmniVision 的 VGA 分辨率 OV7649 摄像头模块。XYZ 使用计算复杂度较低的操作系统(称为 SOS),其遵循事件模型驱动设计。XYZ – Aloha 的最大功耗约为 238.6mW。

XYZ 一般用于处理模式识别问题,如文字识别、手势识别等。

2.4.4　Vision Mote

Vision Mote 是完全集成板,包含以下元件[20]:CMOS 图像仪、32 位 Atmel 9261 ARM 9 CPU、128 MB FLASH（K9F1G08）, 64 MB SDRAM（K4S561632）以及 基于 ZigBee 模块的 CC2430 。Vision Mote 在 Linux 操作系统下运行,通过 OpenCV 函数库实现图像获取、图像压缩和其他图像处理功能。Vision Mote 的最大功耗为 489.6mW。

Vision Mote 的应用为水域保护工程。视觉网（Vision Mesh）中聚集许多微粒,此网络完成采集、压缩图像后将图像数据传输到多级路由中的控制中心。

2.4.5　MicrelEye

MicreEye 是一个完全集成板,包括以下模块[18]:QVGA 分辨率 OV7620 CMOS 摄像头、可重构的 ATMEL FPSLIC SoC、1 MB 帧储存的 SRAM、LMX9820A 蓝牙收发器。SoC(片上系统)包含 8 位 AT40K MCU、可重构的 FPGA、36kB 的车载 SRAM。与 Cyclops 相似,关键的图像处理任务如背景差分在 FPGA 上执行,计算复杂度较低的操作在 MCU 上执行。MCU 和 FPGA 在同一芯片上加速处理,并且消除了由芯片间连接产生的电量损失(可测量的最大功耗为 500mW)。MicrelEye 没有操作系统。

MicrelEye 节点可用于检测人。目标检测包括基于像素的背景差分,其假设背景框架是固定的。检测在 FPGA 中执行,MCU 执行剩下的分类步骤。目标分类提取特征向量并传输到类似状态向量机(SVM)的学习结构来确认场景中是否有人。

2.4.6　FireFly Mosaic

Mosaic 是第一个具有多协同视觉节点的 VSN 平台[19]。FirFly Mosaic 平台由集成了 CMUCam3 视觉板的 FireFly WSN 平台组成[57]。视觉板包括 CIF 分辨率的 OmniVision OV6620 摄像头、用于帧缓冲的 Averlogic AL440b FIFO、价格便宜的 32 位 60MHz 的 LPC2106 ARM7TDMI MCU、64kB 的 RAM 芯片、128kB 的 FLASH 内存和 Chipcon CC2420 802.15.4 无线收发器。每个节点在 Nano – RK 上执行,每个节点包括一个外部时间同步的 AM 接收器,其测量的功耗最大值

为 572.3mW。

FireFly Mosaic 的应用主要是辅助老年人生活,识别活动频繁的特定活动区域。应用最终的结果是一个马尔科夫模型,体现了活动区域的跃迁概率。Fire-Fly Mosaic 支持的图像处理功能包括 JPEG 压缩、帧间差分、颜色跟踪、卷积、直方图、边缘检测、连通成分分析和人脸检测。

2.4.7 CITRIC

CITRIC 平台包括两个板[13]: CITRIC 图像板和 Tmote Sky 无线模块。Tmote Sky 运行 TinyOS/NesC。Tmote Sky 包含一个 16 位的 MSP430 MCU、10kB 的 RAM、48kB 的 FLASH、Chipcon CC2420 I.E.802.15.4 无线收发器、1MB 的外置 FLASH[58]。图像板包括具有 130 万像素 SXGA 分辨率的 OV9655CMOS 图像仪、可扩展频率的 32 位 PDA 类的 CPU(Intel XScale PXA270 外加一个用来加速多媒体任务的无线协处理器和一个 256kB 的内置 SRAM)、16MB 的 FLASH、64MB 的 RAM 和 Wolfson WM8950 单声道音频 ADC。功耗总和为 970mW。

CITRIC 用于目标跟踪和摄像头定位。通过将图像分割为背景和前景来进行单目标跟踪。要做到这一点需要执行简单的帧间差分、单阈值和中值滤波,然后对每个检测目标进行边界框计算并将数据发送至控制中心。摄像头定位通过多摄像头的跟踪数据来估计摄像头的位置、方向及其视场角[13]。

2.4.8 WiCa

WiCa 平台由以下几部分组成[55]:VGA 分辨率 OM6802 图像传感器、Xetal – II SIMD 的 320 处理单元的处理器、ATMEL 8051 处理器、10MB 的 SRAM 和 Chipcon CC2420 基于 Zigbee 的无线模块。高级操作在 Atmel CPU 中执行。适合并行处理的低级别图像任务在 SIMD 处理器上执行并得到加速。此外,两个处理器可以从 RAM 同时访问数据,这样可以使每个处理器按自己的速度操作。在 WiCa 上处理图像需要用一个时钟周期。

WiCa 平台可用于多种应用,包括分布式人脸检测、精密边缘检测和手势识别等。WiCa 是很有发展前景的 VSN 平台,因为它用 SIMD 处理器取代了 FPGA,实现了并行处理。然而,耗电量较大是 WiCa 平台需要关注的主要问题。

2.4.9 Panoptes

Panoptes 是一种基于 Linux 的 VSN 平台,具有强大的处理 VGA 图像的能力。构成 Panoptes 的组件包括 Intel StrongARM 206 MHz 嵌入式平台、基于 USB 的视频摄像头 Logitech 3000、64 MB 单板内存和基于 IEEE 802.11 的网卡。强大的处理器使之与其他轻量级节点相比可承担更多的视觉算法,但同时耗电量更大(最大测量值为 5.3W)。

Panoptes 主要用于环境观察和监控应用。Panoptes 可提供视频采集、空间压缩、滤波、缓冲、适应、流、存储和检索传感器的视频数据等功能。

2.4.10 Meerkats

Meerkats 是用一些现成组件设计而成的功能强大的平台[16]。它是在 Cross-bow Stargate 平台 J561 的顶层建立的。Meerkats 包括基于 USB、VGA 分辨率的 Logitech QuickCam Pro 4000、XScale PXA255 400 MHz CPU、32 MB 的 FLASH 内存、64 MB SDRAM 和 Orinoco Gold IEEE 802.11 无线卡。与 Panoptes 相似，Meerkats 的功耗比其他种类平台高(可测量的功耗最大值为 3.5W)。

Meerkats 主要用于室内外的监控，其主要执行的图像处理操作包括目标检测、目标跟踪，以及数据压缩(可减少传输到中央计算机的数据量)。目标检测采用运动分析策略。假定目标不断移动；目标停止则不再检测[16]。一旦检测到前景区域便计算目标的位置和速度。聚类用于识别场景中的多目标。然后数据进行 JPEG 压缩并传输。

2.4.11 VSN 平台评价

表 2.1 对比了上述不同 VSN 平台的处理能力、最大功耗、视觉算法和应用程序。计算复杂度较低的平台，如 Cyclops 是唯一 8 位处理器的 VSN，能执行有限的车载图像处理任务。背景差分法利用了连续均值滤波、帧间差分和单阈值算法。视频监控通常需要结果精确的图像处理方案，这就需要更强大的处理器和更大内存。32 位处理器综合考虑了平台的计算能力和功耗。用到 32 位处理器的平台，如 FireFly Mosaic、CITRIC、MeshEye、VisionMote 和 MicrelEye。大多数 VSN 用帧间差分或简单的单模背景差分算法。MicrelEye 用 FPGA 来处理例如背景差分、图像采集、MCU 等计算过程。为减少计算量，MeshEye 首先在低分辨率图像(30 像素 ×30 像素)采用背景差分和立体匹配。一旦目标被检测到并匹配成功，高分辨率图像便被激活并对相关区域进行快照。目标匹配需提取简单的特征，如位置、速度、边界框等。这些方案简单易行，但在有杂乱运动或多遮挡的户外复杂场景中目标检测与跟踪结果并不稳定。功能相对强大的平台，如 Meerkats 和 Panoptes 能支持更多的操作。尽管如此，目前尚未研究出在复杂的户外环境条件下准确实现融合、配准、检测与跟踪的方法。主要原因是室外监控场景产生的变化较多，存在杂乱运动和物体遮挡。另一个需要关注的问题是功耗。计算量增大伴随耗电量增加(Panoptes 约 5W)。这会快速消耗传感器节点。实际上，VSN 的功耗主要由于大量数据的计算而非通信[27]。WiCa 是第一个基于 Xetal SIMD 的平台。它能快速实现边缘检测和人脸识别。WiCa 由于优越的处理能力，具有非常大的发展前景。然而现统计的功耗数据并非整个平台的功耗结果，整个平台的耗电量会更大。

表 2.1　常见 VSN 平台处理能力比较

参考文献	处理器	电源/mW	应用程序/图像处理
[17]	8 位 ATMEL ATmegal2 MCU, XC2C256 CoolRunner CPLD	110.1	目标检测:背景差分
[14]	32 位 ATMEL AT91SAM7 processor	175.9	分布式监控:背景差分,立体匹配
[54]	32 位 OKI ML67Q500x ARM MCU	238.6	模式识别:直方图重建,运动检测,边缘检测
[20]	32 位 Atmel 9261 ARM 9 CPU	489.6	水源保护:JPEG 压缩
[18]	8 位 AT40K MCU and ATMEL FPSLIC SoC	500	人检测:背景差分
[19]	32 位 LPC2106 ARM7TDMI MCU and 8 位 Atmel Atmega 1281 processor	572.3	生活辅助:帧间差分,颜色跟踪,卷积,边缘检测
[13]	32 位 Intel XScale PXA270 CPU	970	单目标跟踪:背景差分
[55]	Xetal – II SIMD	—	人脸识别和手势识别:精密的边缘检测
[16]	32 位 Xscale PXA255	3500	跟踪移动部位:背景差分,帧差分
[12]	32 位 StrongARM	5.3	视频监控:运动检测

简而言之,目前 VSN 需要重点解决的问题是综合考虑算法的精确度、内存/处理能力和节点功耗。研究新的低功耗但效果稳定的视频传感器节点的算法和结构是目前非常热门的研究方向之一。目前仍需对精确且计算复杂度较低的算法以及可加快处理速度的硬件结构进行进一步研究。

参 考 文 献

1. W. Dargie and C. Poellabauer, Fundamentals of wireless sensor networks: theory and practice, John Wiley and Sons, 2010.
2. S. Soro and W. Heinzelman, "A survey of visual sensor networks," *Advances in Multimedia,* vol. 2009, 2009.
3. Y. Charfi, B. Canada, N. Wakamiya and M. Murata, "Challenging issues in visual sensor networks," *IEEE Wireless Communications,* pp. 44-49, 2009.
4. D. M. Sheen, D. L. McMakin and T. E. Hall, "Three-dimensional millimeter-wave imaging for concealed weapon detection," *IEEE Transactions on Microwave Theory and Techniques,* vol. 49, no. 9, pp. 1581-1592, 2001.
5. J. Wang, C. Qimei, Z. De and B. Houjie, "Embedded wireless video surveillance system for vehicle," in *International Conference on Telecommunications*, Chengdu, China, 2006.
6. G. Barrenetxea, F. Ingelrest, G. Schaefer and M. Vetterli, "Wireless sensor networks for environmental monitoring: the SensorScope experience," in *IEEE International Zurich Seminar on Communications*, Zurich, 2008.
7. T. H. Chen, P. H. Wu and Y. C. Chiou, "An early fire-detection method based on image processing," in *IEEE International Conference on Image Processing*, Singapore, 2004.
8. L. Cutrona, W. Vivian, E. Leith and G. Hall, "A high-resolution radar combat-surveillance system," *IRE Transaction on Military Electronics,* Vols. MIL-5, no. 2, pp. 127-131, 2009.

9. M. Skolnik, G. Linde and K. Meads, "Senrad: an advanced wideband air-surveillance radar," *IEEE Transactions on Aerospace and Electronic Systems*, vol. 37, no. 4, pp. 1163-1175, 2001.

10. S. Fleck and W. Strasser, "Smart camera based monitoring system and its application to assisted living," *Proceedings of the IEEE*, vol. 96, no. 10, pp. 1698-1714, 2008.

11. O. Schreer, P. Kauff and T. Sikora, 3D Videocommunication, Chichester, UK: John Wiley and Sons, 2005.

12. W. C. Feng, E. Kaiser, M. Shea and B. L., "Panoptes: scalable low-power video sensor networking technologies," *ACM Transactions on Multimedia Computing, Communications, and Applications*, vol. 1, no. 2, pp. 151-167, 2005.

13. P. Chen, P. Ahammed, C. Boyer, S. Huang, L. Lin, E. Lobaton, M. Meingast, S. Oh, S. Wang, P. Yan, A. Y. Yang, C. Yeo, L. C. Chang, D. Tygar and S. S. Sastry, "CITRIC: a low-bandwidth wireless camera network platform," in *Proc. International Conference on Distributed Smart Cameras*, 2008.

14. S. Hengstler, D. Prashanth, S. Fong and H. Aghajan, "MeshEye: a hybrid-resolution smart camera mote for applications in distributed intelligent surveillance," in *6th International Symposium on Information Processing in Sensor Networks*, Cambridge, 2007.

15. "Security & surveillance: envisioning a safer world," [Online]. Available: http://www.ovt.com/applications/application.php?id=10.

16. J. Boice, X. Lu, C. Margi, G. Stanek, G. Zhang, R. Manduchi and K. Obraczka, "Meerkats: a power-aware, self-managing wireless camera network for wide area monitoring," in *Proceedings Workshop on Distributed Smart Cameras*, 2006.

17. M. Rahimi, R. Baer, O. I. Iroezi, J. C. Garcia, J. Warrior, D. Estrin and M. Srivastava, "Cyclops: in situ image sensing and interpretation in wireless sensor networks," in *International Conference on Embedded Networked Sensor Systems*, New York, 2005.

18. A. Kerhet, M. Magno, F. Leonardi, A. Boni and L. Benini, "A low-power wireless video sensor node for distributed object detection," *Journal on Real-Time Image Processing*, vol. 2, pp. 331-342, 2007.

19. A. Rowe, D. Goal and R. Rajkumar, "FireFly Mosaic: a vision-enabled wireless sensor networking system," in *IEEE International Real-Time Systems Symposium*, 2007.

20. M. Zhang and W. Cai, "Vision mesh a novel video sensor networks platform for water conservation engineering," in *IEEE International Conference on Computer Science and Information Technology*, 2010.

21. "CC1000: single chip very low power RF transceiver," [Online]. Available: http://www.ti.com/lit/ds/symlink/cc1000.pdf.

22. "CC2420: 2.4 GHz IEEE 802.15.4/ZigBee-ready RF transceiver," [Online]. Available: http://inst.eecs.berkeley.edu/~cs150/Documents/CC2420.pdf.

23. "A look at the basics of bluetooth wireless technology," [Online]. Available: http://www.bluetooth.com/Pages/basics.aspx.

24. B. P. Crow, I. Widjaja, J. G. Kim and P. T. Sakai, "IEEE 802.11 wireless local area networks," *IEEE Communications Magazine*, vol. 35, no. 9, pp. 116-126, 2002.

25. "Wireless sensor networks powered by ambient energy harvesting (WSN-HEAP) - survey and challenges," in *International Conference on Wireless Communication, Vehicular Technology, Information Theory and Aerospace & Electronic Systems Technology*, Aalborg, 2009.

26. D. Niyato, E. Hossain, M. M. Rashid and V. K. Bhargava, "Wireless sensor networks with energy harvesting technologies: a game-theoretic approach to optimal energy management," *IEEE Wireless Communications Magazine*, vol. 14, no. 4, pp. 90-96, 2007.

27. B. Tavli, K. Bicakci, R. Zilan and J. M. Barcelo-Ordinas, "A survey of visual sensor network platforms," *Multimedia Tools and Applications*, vol. 60, no. 3, pp. 689-726, 2011.

28. P. Kulkarni, D. Ganesan, P. Shenoy and Q. Lu, "SensEye: a multi tier camera sensor network," in *ACM International Conference on Multimedia*, 2005.

29. A. M. McIvor, "Background subtraction techniques," in *Image and Vision Computing New Zealand*, Hamilton, 2000.

30. L. Wang, W. Hu and T. Tan, "Recent developments in human motion analysis," *Pattern recognition*, vol. 36, no. 3, pp. 585-601, March 2003.

31. A. Redondi, M. Cesana and M. Tagliasacchi, "Low bitrate coding schemes for local image descriptors," in *IEEE International Workshop on Multimedia Signal Processing*, 2011.

32. D. L. Donoho, "Compressed sensing," *IEEE Transactions on Information Theory,* vol. 52, no. 4, pp. 1289-1306, 2006.

33. M. Fornasier and H. Rauhu, "Compressive sensing," in *Handbook of mathematical methods in imaging,* Springer, 2011, pp. 187-228.

34. J. W. D. Slepian, "Noiseless coding of correlated information sources," *IEEE Transactions on Information Theory,* vol. 19, pp. 471-480, 1973.

35. A. D. Wyner and J. Ziv, "The rate-distortion function for source coding with side information at the decoder," *IEEE Transactions on Information Theory,* vol. 22, no. 1, pp. 1-10, 1976.

36. J. Di, A. Men, B. Yang, F. Ye and X. Zhang, "An improved distributed video coding scheme for wireless video sensor network," in *IEEE Vehicular Vehicular,* 2011.

37. C. Li, J. Zou, H. Xiong and C. W. Chen, "Joint coding/routing optimization for distributed video sources in wireless visual sensor networks," *IEEE Transactions on Circuits, Systems and Video Technology,* vol. 21, no. 2, pp. 141-155, 2011.

38. X. Wang, G. Xing, Y. Zhang, C. Lu, R. Pless and C. Gill, "Integrated coverage and connectivity configuration in wireless sensor networks," in *International Conference on Embedded Networked Sensor Systems,* 2003.

39. C.-F. Huang, Y.-C. Tseng and L.-C. Lo, "The coverage problem in three-dimensional wireless sensor networks," *Journal of Interconnection Networks,* vol. 8, no. 3, pp. 209-227, 2007.

40. S. Soro and W. B. Heinzelman, "On the coverage problem in video-based wireless sensor networks," in *IEEE Conference on Broadband Networks,* 2005.

41. A. Yoshida, K. Aoki and S. Araki, "Cooperative control based on reaction-diffusion equation for surveillance system," in *Knowledge-Based Intelligent Information and Engineering Systems,* 2005.

42. Y. Charfi, N. Wakamiya and M. Murata, "Adaptive and reliable multipath transmission in wireless sensor networks using forward error correction and feedback," in *IEEE Conference on Wireless Communications and Networking,* 2007.

43. K.-Y. Chow, K.-S. Lui and E. Y. Lam, "Efficient on-demand image transmission in visual sensor networks," *EURASIP Journal on Applied Signal Processing,* vol. 2007, pp. 1-11, 2007.

44. C. D.-F. V. Lecuire and N. Krommenacker, "Energy-efficient transmission of wavelet-based images in wireless sensor networks," *EURASIP Journal on Image Video Processing,* 2007.

45. S. B. Wicker and V. K. Bhargava, Reed-Solomon codes and their application, John Wiley and Sons, 1999.

46. J. J. Ong, L. Ang and K. Seng, "FPGA implementation reed solomon encoder for visual sensor networks," in *International Conference on Computer Communication and Management,* 2011.

47. H. Wu and A. A. Abouzeid, "Error resilient image transport in wireless sensor networks," *Computer Networks,* vol. 50, no. 15, pp. 2873-2887, 2006.

48. M. Maimour, C. Pham and J. Amelot, "Load repartition for congestion control in multimedia wireless sensor networks with multipath routing," in *International Symposium on Wireless Pervasive Computing,* 2008.

49. S. Misra, M. Reisslein and G. Xue, "A survey of multimedia streaming in wireless sensor networks," *IEEE Communications Surveys and Tutorials,* vol. 10, no. 4, pp. 18-39, 2008.

50. W. Ye, J. Heidemann and D. Estrin, "An energy-efficient MAC protocol for wireless sensor networks," in *International Annual Joint Conference of the IEEE Computer and Communication Societies,* 2002.

51. Y. Andreopoulos, N. Mastronarde and M. v. d. Schaar, "Cross-layer optimized video streaming over wireless multi-hop mesh networks," *IEEE Journal on Selected Areas in communications,* vol. 24, no. 11, pp. 2104-2115, 2006.

52. Q. Li and M. V. D. Schaar, "Providing adaptive qos to layered video over wireless local area networks through real-time retry limit adaptation," *IEEE Transactions on Multimedia,* vol. 6, no. 2, pp. 278-290, 2004.

53. M. v. d. Schaar and D. Turaga, "Content-based cross-layer packetization and retransmission strategies for wireless multimedia transmission," *IEEE Transactions on Multimedia,* vol. 9, no. 1, pp. 185-197, 2007.

54. D. Lymberopoulos and A. Savvides, "XYZ: a motion-enabled, power aware sensor node platform for distributed sensor network applications," in *International Conference on Information Processing in Sensor Networks,* 2005.

55. R. Kleihorst, A. Abbo, B. Schueler and A. Danillin, "Camera mote with a high-performance parallel processor for realtime frame-based video processing," in *International Conference on Distributed Smart Cameras*, 2008.
56. "Crossbow technology," [Online]. Available: http://www.xbow.com.
57. "CMUcam: open source programmable embedded color vision sensors," [Online]. Available: http://www.cmucam.org/.
58. "Tmote sky," [Online]. Available: http://www.eecs.harvard.edu/~konrad/projects/shimmer/ references/tmote-sky-datasheet.pdf.

第3章 图像配准

  图像配准是一种重要的图像处理技术,得到了广泛研究。图像配准的适用范围广泛,如遥感、医学成像、安保、监控及摄影等。然而,目前所有开发的图像配准方法均属于无约束平台,没有考虑平台的处理能力及存储能力。本章首先综述了图像配准的基本方法并阐述了文献中提到的最新算法。然后讨论两种配准方法,即优化的全局搜索配准(OESR)和自动多分辨率图像配准(AMIR)。其中 OESR 用优化的穷举搜索来配准两幅图像,此配准方法属于多分辨率金字塔策略。AMIR 则为基于优化梯度下降的自动多模图像配准方法。两种算法的性能堪比最先进的配准方法,并可减少平台的处理负担。

3.1 引 言

  本章介绍了分布式监控系统的第一步:图像配准。当使用多视觉传感器节点时,图像配准是分布式监控系统不可缺少的一部分。配准的目的是将两幅图像几何匹配,通常将两幅图像分为源图像和参考图像。这两幅图像是从不同传感器(如红外光谱和可见光光谱)、不同视角获取的。在 x 方向、y 方向存在旋转、平移或缩放比例的差异。这些差异源于视觉传感器的位置(传感器可能处于顶部、彼此相邻或分离的位置)。

  图像配准是进行图像融合、目标检测、目标跟踪前必要的预处理过程。图像配准的准确性影响了后续阶段的整体性能。

  本章提出两种图像配准方法。第一种方法是基于多分辨率分解结合优化全程搜索以及互信息的方法,称为优化的全局搜索配准(OESR)方法,此方法用于处理单模和多模图像[1]。第二种方法是对 OESR 方法进行改进,称为自动多分辨率图像配准(AMIR)方法[2]。AMIR 方法不再进行传统的全局搜索,而是采用了更快、更有效的梯度下降优化方法,并且保持了图像的多分辨率金字塔结构。基于新的匹配度量的搜索方法结合了边缘检测和互相关,应用在经过双树复小波变换(DT-CWT)[3]分解的源图像的最低分辨率上。而 DT-CWT[3]分解源图像可获得粗略估计的配准系数。初始的估计值利用优化的梯度下降法在高分辨率层不断改善。

  本章其余部分的结构如下:3.2 节介绍了经典的图像配准方法,并重点介绍多分辨率方法和 DT-CWT 理论;3.3 节详细说明 OESR 及其性能评价;3.4 节讨论 AMIR 及其性能评价。

3.2　图像配准方法

文献[4]中提出一种较好的配准方法。图像配准过程通常分为 4 步:

(1) 特征检测,也称为控制点(Control Point,CP)选择。特征可以为线、边缘、角等[5,6]。

(2) 特征匹配。在选定的控制点之间建立匹配[7,8]。

(3) 映射估计。包括估计最佳参数,最佳参数用于源图像(例如遥感图像)与参考图像的配准[9]。

(4) 图像重采样。用上述步骤中找到的最优参数对源图像(例如遥感图像)进行变换或扭曲[10]。

图像配准方法主要有两种,即手动配准和自动配准。手动配准通常由人来选择控制点。尽管这种方法简单、应用广泛,但手动配准法不精确且费时。这是因为图像的复杂性使得人眼无法分辨出合适的控制点。此外,手动配准无法用于实时场景。

自动配准不需要人为干预。自动配准由算法负责选择相应的特征点,如角、线等,然后进行特征匹配并通过适当搜索找到扭曲系数。然而从源图像中提取特征既繁琐又费时,并不适合资源有限的平台。此外,若对源图像搜索的话,算法的执行时间会更长。

金字塔结构的提出减少了特征提取、匹配及搜索的复杂度[11]。首先源图像和参考图像都进行多分辨率分解,分解为不同的分辨率。配准开始于最低分辨率。在这个分辨率上找到配准参数的估计值。估计值通过金字塔结构一步一步进行优化,直到达到最高分辨率为止。金字塔结构显然提供了一个在速度、复杂度方面比传统方法更优越的处理方法。最著名的多分辨率算法之一是离散小波变换(DWT)[12],用于加快配准过程。在 DWT 中,图像先沿行经过低通、高通滤波,然后再沿列进行低通、高通滤波,进行降采样,得到 4 个图像子带,每一个子带都是原图像的 $\frac{1}{4}$,4 个子带分别记为低低(LL)、低高(LH)、高低(HL)、高高(HH)。LL 子带包含一个低分辨率图像的近似值,其余子带分别为图像水平、垂直、对角的细节信息。对 LL 子带再进行连续 DWT 会产生新的 4 个子带,依此类推。尽管 DWT 可以成功分解图像,但 DWT 具有如下缺点:每一级进行的降采样会导致图像对平移较敏感、方向性差(仅三个方向子带:垂直、水平、对角)并且缺乏相位信息。平移不变离散小波变换(SIDWT)[13]解决了平移敏感的问题,但要用一个完备的信号表示。近几年提出的双树复小波变换(DT-CWT)[3]解决了 SID-

WT 的过完备问题。并且 DT-CWT 具有更好的方向敏感性,其可表示图像的 6 个方向,即 ±15°、±45°、±75°。DT-CWT 的相关理论会在下面小节中详细介绍。

3.2.1　双树复小波变换理论

DWT 用局部振荡基函数(小波函数)取代傅里叶变换的无限振荡正弦基函数[14],在信号处理应用中具有极大的优势。换句话说,一个有限能量模拟信号 $x(t)$ 可以按式(3.1)所示的方法分解:

$$x(t) = \sum_{n=-\infty}^{\infty} c(n)\Phi(t-n) + \sum_{j=0}^{\infty} \sum_{n=-\infty}^{\infty} d(j,n)2^{\frac{j}{2}}\Psi(2^j - n) \qquad (3.1)$$

式中: $\psi(t)$ 和 $\Phi(t)$ 分别为实数带通小波函数和低通尺度函数。尺度系数 $c(n)$ 和小波系数 $d(j,n)$ 分别通过式(3.2)和式(3.3)计算,即

$$c(n) = \int_{-\infty}^{\infty} x(t)\Phi(t-n)\mathrm{d}t \qquad (3.2)$$

$$d(j,n) = 2^{\frac{j}{2}}\int_{-\infty}^{\infty} x(t)\Psi(2^j - n)\mathrm{d}t \qquad (3.3)$$

经验证,DWT 具有良好的计算速度,但对平移变化敏感并且方向敏感性差。SIDWT 试图解决平移变化的问题,但要用一个完备信号表示。按照傅里叶复数信号的表示方法,CWT 用复数小波和连续小波代替实数振荡小波(见式(3.3)、式(3.2)和式(3.3)),因此小波系数可分别表示为式(3.4)和式(3.5),即

$$\Psi_c(t) = \Psi_r(t) + j\Psi_r(t) \qquad (3.4)$$

$$d_c(j,n) = d_r(j,n) + jd_i(j,n) \qquad (3.5)$$

CWT 可以弥补 DWT 的缺点。与傅里叶变换类似,CWT 具有近似平移不变性且方向性强,对于 d 维信号来说 CWT 仅产生 2^d 的冗余。DT-CWT 是 Kingsbury[3] 提出的一种复小波变换的方法。通过两个实数 DWT,如图 3.1 所示,得到变换的实部、虚部。其中: $h_0(n)$,$h_1(n)$ 分别表示经过高通滤波器后的低通、

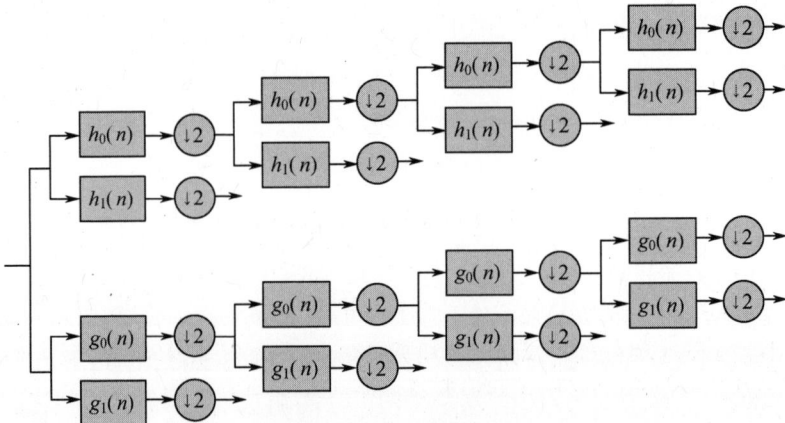

图 3.1　DT-CWT 变换

32

高通滤波;$g_0(n)$,$g_1(n)$分别表示经过低通滤波器后的低通、高通滤波。DT-CWT的另一个优势在于滤波 $h_i(n)$、$g_i(n)$ 均为实数,因此在变换过程中无需复数计算。逆变换如图 3.2 所示,经过两个 DWT 逆变换后通过中值滤波(平均值)得到最终输出值。DT-CWT 继承了一维 CWT 的优点,即 M 维 CWT 方向性强,更适合表示、分析 M 维信号的特征,如图像的边缘以及曲面的三维数据。

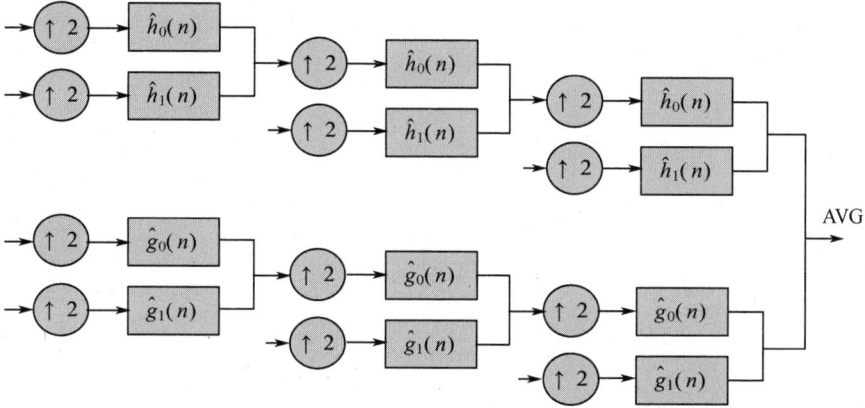

图 3.2 DT-CWT 逆变换

3.2.2 多分辨率配准方案

在过去的 20 年间,自动配准得到了广泛研究。本章重点介绍基于多分辨率处理、互信息、互相关匹配以及任意二者结合的方法。大多数基于多分辨率的方法遵循以下步骤,如图 3.3 所示。

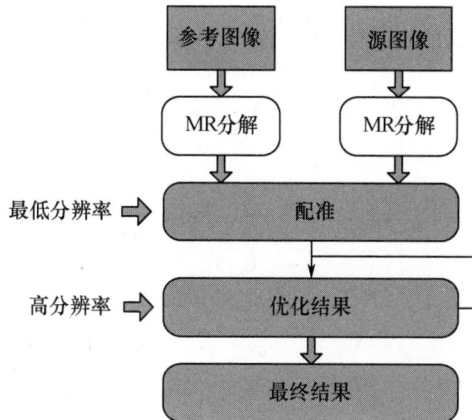

图 3.3 多分辨率方法

文献[15]采用基于 DWT 的多分辨率方法来配准卫星图像。在 LH、HL 子带用模值取大的方法提取边缘点,根据相关性进行匹配。文献[16]的作者开发了一种快速搜索的并行算法,利用特征空间 DWT 系数的最大值以及搜索空间

33

的相关性进行配准。文献[17]中应用模板匹配提取对应的中心点作为控制点，然后将控制点进行归一化后用互相关进行匹配。尽管这种方法的配准性能良好，但此方法直接对灰度值进行处理，不适合对多传感器图像进行配准。而由Viola和Wells[18]提出的基于互信息的配准方法，可以配准多模图像。互信息是测量参考图像和源图像间的统计从属关系，而不是灰度值。文献[19]将绝对误差和(the Sum of Aboulte Difference，SAD)和互信息融入匹配准则，增强了配准多模大脑图像的准确度。文献[19]中SAD直接应用于灰度值，然而作者声称他们的算法可适用于多模图像。文献[20]，提出用于航拍图像的一种自动配准算法，这种算法基于DWT和最大的优化互信息(a Maximization of Mutual Information，MMI)。文献[21]提出了类似的算法，利用Powell的多维方法和Brent的一维优化算法将互信息最大化[23]。文献[24]提出了一种新的基于互信息和空间信息的混合度量，用于配准医学图像。文献[25]提出结合了DWT和MI的基于框架的图像配准方法。

　　然而，上述提到的算法都是在无约束框架下开发的，因此优化算法可以全部满足应用条件，但对于资源有限的平台并不可行。文献[26]提出了一种结合了详尽配准搜索的有效最小二乘法。此方法提高了配准速度，但存在两个缺点：整数平移和微小旋转(<5°)。文献[22]也提到了类似的缺点。为解决这个问题，文献[22]提出了一种改进的平方差面(Squared Difference Surface，SDS)方法，该方法用DT-CWT子带的相位梯度来配准蛋白质组凝胶图像，但是此种方法只考虑了平移问题。

3.2.3　配准方法评价

　　3.2.2节提到的每个算法都可以作为独立的配准算法完成配准任务。然而对于资源有限的平台，大部分配准方法都不可行，主要因为这些方法的计算量及内存需求大。如表3.1所列总结了一些配准方法并列出了它们的特点。

表3.1　配准方法及其效果总结

参考文献	匹配标准	多分辨率	方法	效果
[15]	互相关	是，DWT	DWT极大值提取	不能处理多模图像
[16]	互相关	是，DWT	并行详尽搜索，缩小搜索空间	不能处理多模图像
[17]	互相关	否	模板匹配	不能处理多模图像
[18]	互信息	否	梯度下降	非常精确但速度慢，不能在资源有限的平台进行优化
[19]	SAD与MI	否	详尽搜索	SAD不能应用于多模图像
[20]	MI	是，DWT	详尽搜索	非常慢，但可进一步应用在资源有限的平台上
[21]	MI	是，DWT	Powell的优化方法	完全采用Powell的优化方法，计算量大
[22]	平方差	是，DT-CWT	详尽搜索	只考虑平移

3.3 OESR:优化的全局搜索多分辨率配准方案

图像配准的目标是找到最佳的几何平移,实现可见光、红外图像的配准。图像配准问题可以按如下方式表示。设 $I_{REF}(x,y)$ 和 $I_{SRC}(x,y)$ 分别表示参考图像和源图像。其中 Φ 代表 I_{REF} 和 I_{SRC} 的公共区域。$\exists T(x,y)$,使 $I_{REF}(x,y) \approx I_{SRC}(T(x,y))$。其中 $T(x,y)$ 表示一个几何平移,计算方法见式 (3.6)所示。最常见的图像几何平移包括旋转、尺度变化和平移(RST)。

$$T(x,y) = \begin{bmatrix} s\cos\alpha & s\sin\alpha & t_x \\ -s\sin\alpha & s\cos\alpha & t_y \\ 0 & 0 & 1 \end{bmatrix} \begin{bmatrix} x \\ y \\ 1 \end{bmatrix} \tag{3.6}$$

式中:s 表示比例变化因子;α 为旋转角度;t_x,t_y 分别为 x、y 方向的平移系数。配准问题实际是寻找一个最优平移系数向量 $v = \begin{bmatrix} s & \alpha & t_x & t_y \end{bmatrix}$。利用式(3.6)可以获得 I_{REF} 和 I_{SRC} 间的最佳对应匹配。此优化方法的流程图如图3.4 所示。

算法首先将两个输入图像进行分解,$I_{REF}(x,y)$ 和 $I_{SRC}(x,y)$ 利用上述提到的 DT-CWT(13,19 阶近对称滤波器,Q-shift 算法)分解成 $D_{REF,l}(x,y)\{l=1,\cdots,n\}$ 和 $D_{SRC,l}(x,y)\{l=1,\cdots,n\}$。其中:$l$ 代表分解的层数;n 表示分解层数总量。每一个分解图像都由表示图像近似值的实部和由 6 个复数形式的方向子带 ($\pm15°$, $\pm45°$, $\pm75°$)组成。

算法主要分为两部分:在最低分阶层 n 配准以及其余分阶层 $l=n-1,\cdots,1$ 的配准。从 n 级(分解的最低分辨率)开始,获得一个平移估计向量 $v = \begin{bmatrix} \alpha & t_x & t_y \end{bmatrix}$。由于此向量是算法的初始估计值,高层的分解均是基于此步骤,因此获取初始估计值时要格外谨慎。采用互相关作为匹配准则是因为它的效果和准确性良好,但会存在两个问题。

(1)互相关无法处理多模图像,因为它直接处理灰度值。

(2)计算量大,需要进行卷积和乘法运算。

为了克服这些问题,在参考图像和源图像经低通滤波后,我们提取图像边缘,分别用 M_{ref} 和 M_{src} 表示。用边缘映射图代替图像本身不仅解决了互相关的限制(关联边缘信息而非关联灰度值),并且减少了计算量(因为除了边缘位置外,大部分边缘映射图的值为 0)。

原始搜索空间:$[-\theta, +\theta]$ 为角度范围,准确度为 Λ_α;$[-\tau_x/2, +\tau_x/2]$ 是 x 方向的平移量范围,$[-\tau_y/2, +\tau_y/2]$ 是 y 方向的平移量范围,准确度为 Λ_t。其中:$\tau_{x,y}$ 表示图像在 n 层的维数。获取摄像头位置、移动等先验信息用于缩小初始搜索空间。然后对整个搜索空间进行详尽搜索,确定最佳初始变换向量,称为 $v_{init} = [\alpha_{init}, t_{x,init}, t_{y,init}]$,如式(3.7)所示。

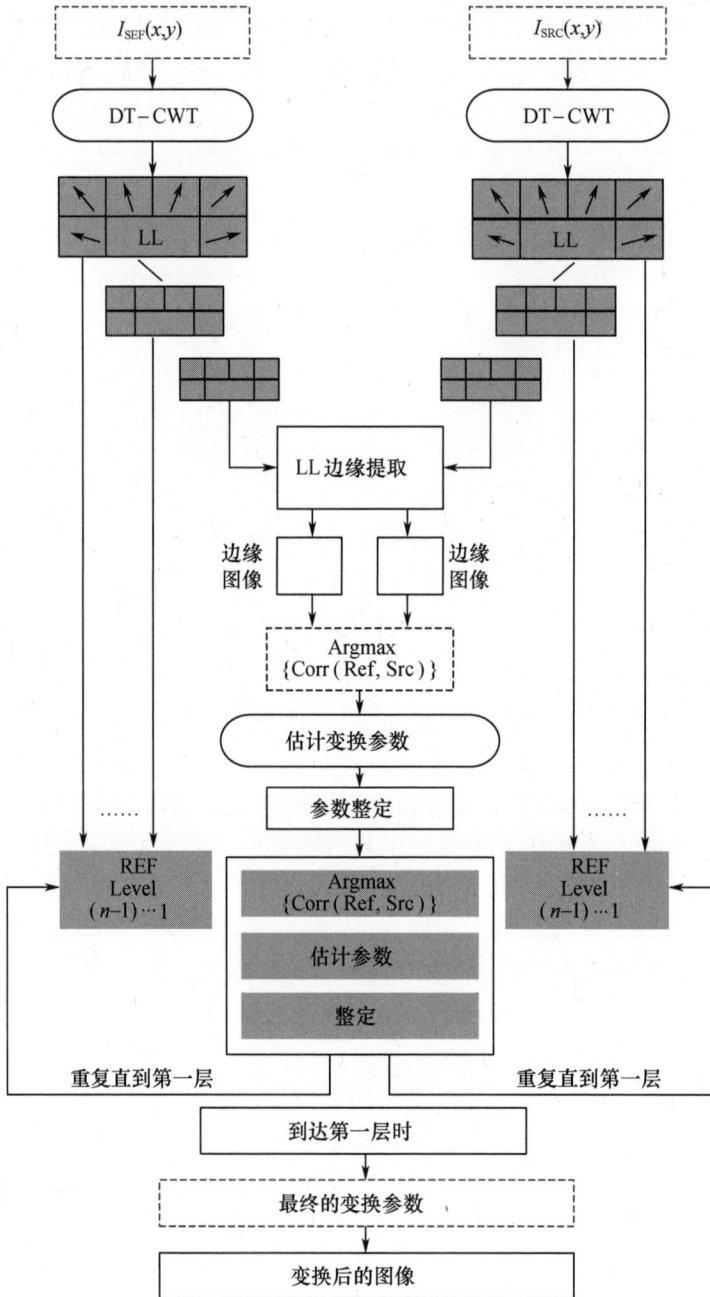

图 3.4　OESR 模块流程图

$$v_{\text{init}} = \underset{v}{\text{argmax}} \, \rho M_{\text{ref}}, T(M_{\text{src}}) \qquad (3.7)$$

式中:ρ 表示互相关;$T(\cdot)$ 表示用向量 v 对图像进行变换。算法的第二部分从分解 $n-1$ 层开始。V_{init} 用来表示这一层的新搜索区间:$[\alpha_{\text{init}} - \mu, \alpha_{\text{init}} + \mu]$、$[2 \times$

36

$t_{\lambda,\text{init}} - \mu, 2 \times t_{\lambda,\text{init}} + \mu]$、$[2 \times t_{y,\text{init}} - \mu, 2 \times t_{y,\text{init}} + \mu]$ 是新的搜索区间,旋转准确度为 $2 \times \Lambda_\alpha$,平移量为 $2 \times \Lambda_t$。μ 是一个有界变量,最小值用来补偿 n 层的估计误差,最大值用于缩小搜索区间,以此达到加速的目的。L 层($1 \leqslant (n-1)$)的匹配规则为互信息,互信息是计算 A、B 两幅图像之间的统计相关性的指标,定义为

$$MI(A,B) = \sum_{a,b} p(a,b) \log \frac{p(a,b)}{p(a)p(b)} \tag{3.8}$$

式中:a、b 分别为图像 A、B 的灰度值;$p(\cdot)$ 为边缘分布;$p(a,b)$ 为联合分布。互信息可用于处理多模图像,并且与互相关相比计算量较小。变换向量 v_l 可根据式(3.9)确定。

$$v_l = \underset{v}{\arg\max} \left[I(R\{D_{\text{ref},l}\}, T(R\{D_{\text{src},l}\})) + I(\| C\{D_{\text{ref},l}\} \|, T(\| C\{D_{\text{src},l}\} \|)) \right]$$

$$\tag{3.9}$$

式中:$R\{\cdot\}$ 和 $C\{\cdot\}$ 分别表示图像的实部和虚部;v_{n-1} 为 $n-2$ 层的搜索区间中心,依此类推,直到最高层分解完成时为止。每次迭代搜索范围减半,而 Λ_α 和 Λ_t 变为原来的两倍。算法的伪代码如算法 3.1 所示。

算法 3.1　多分辨率配准算法

开始

$D_{\text{REF},l} \leftarrow \text{DT-CWT}(I_{\text{REF}}, n)$,$D_{\text{SRC},l} \leftarrow \text{DT-CWT}(I_{\text{SRC}}, n)$

如果 $l = n$ 条件成立,则

$M_{\text{ref}} \leftarrow \text{EdgeMap}(R\{D_{\text{REF}}, n\})$,

$M_{\text{src}} \leftarrow \text{EdgeMap}(R\{D_{\text{SRC}}, n\})$,

$V_{\text{init}} \leftarrow \underset{v}{\arg\max} \rho_{M_{\text{ref}}, T(M_{\text{src}})}$

条件结束

当 $l >= 1$ 时,则执行下列循环语句

根据 V_{l-1} 值调整搜索间隔

$V_l \leftarrow \underset{v}{\arg\max} \left[I(R\{D_{\text{ref},1}\}, T(R\{D_{\text{src},1}\})) + I(\| C\{D_{\text{ref},1}\} \|, T(\| C\{D_{\text{src},1}\} \|)) \right]$

结束当前循环

采用 $V = [\alpha_1 2 * t_{x,1} 2 * t_{y,1}]$ 进行图像卷积运算

结束

3.3.1　OESR 的性能评价

用 OESR 分别对单模、多模图像进行实验,并且用定性评价和定量评价对仿真结果进行分析。

1. 定性评价

定性评价是判断配准算法正确性的第一步。首先将参考图像和变换后的源图像重叠。如果图像没有配准正确,人眼可以从重叠图像中分辨出来。如果变

形系数不准确,物体就会在图像中以噪声形式出现。如果变形系数接近准确值但不等于准确值,物体在图像中会以阴影的形式出现。图 3.5 中的监控图像是从 PTZ 摄像头采集的单模图像,此摄像头安装在拉斐特路易斯安那大学楼顶[27]用于监控油井设备。将图 3.5(a)和 3.5(b)利用 OESR 进行配准,在配准图像中没有出现人工物体/构件(Artifacts),如图 3.5(c)所示。

(a)

(b)

(c)

图 3.5　监控图像

(a)I_{REF};(b)I_{SRC};(c)配准图像。

多模图像的定性评价并不容易,主要因为图像是不同模式,显示的信息不同。图 3.6 为两组多模图像的配准结果,一组是利用可见光和红外摄像头采集的 UTN 营地图像,另一组是 OCTEC 公司提供的配准图像[28]。

2. 定量评价

上述提到定性评价可用来检验算法的正确性。定性评价中人眼不能识别细微的误差(例如平移中几个像素的误差范围或旋转角度中几度的误差范围)。特别是当配准算法是其他图像处理的第一步时,例如图像融合、目标检测、目标跟踪等。由于后续图像处理性能极大地依赖于前面配准阶段的效果,因此还需要定量评价配准算法的性能。

为了定量评价配准方法的性能,对以下三种配准方法进行分析。

(1)利用最低分辨率图像层的互相关以及其余层互信息的一种基于 DWT 的配准方法,称为 RegDWT。

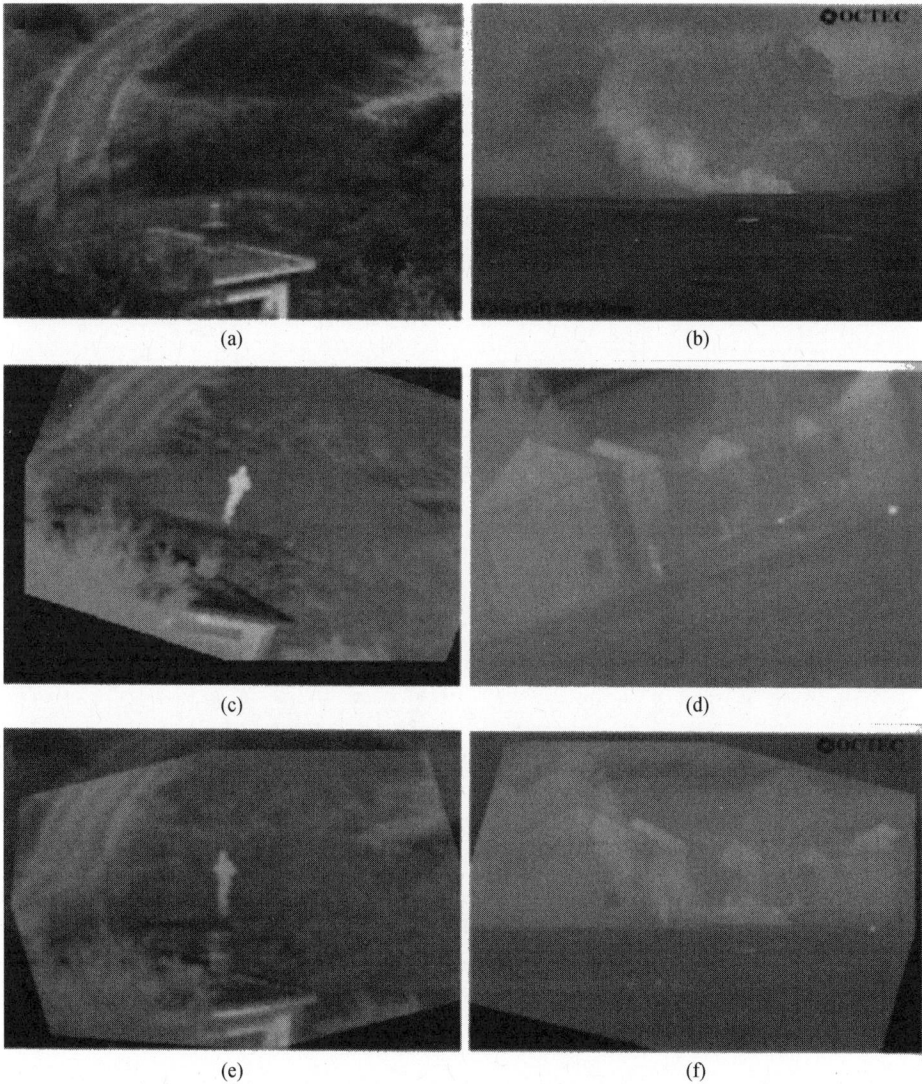

图 3.6　可见光和红外营地图像

(a)可见光和红外营地图像 I_{REF}；(b)可见光和红外营地图像 I_{SRC}；

(c)可见光和红外营地图像配准图像。(d)OCTEC 公司提供的图像 I_{REF}；

(e)OCTEC 公司提供的图像 I_{SRC}；(f)OCTEC 公司提供的配准图像。

（2）基于 DT-CWT 的一种互信息方法,此方法只用到 DT-CWT 的实部,称为 RegCWT-R。

（3）基于混合匹配度量的 DT-CWT 方法,记为 RegCWT。

Λ_t、Λ_α 和 μ 的取值分别为 5 像素、4° 和 10。为验证单模图像的配准算法性能,需要计算参考图像和源图像变形后的均方根误差（RMSE）。均方根误差越小,效果越好。如图3.7为初始角度在0°～30°范围内3种配准算法的总均方误差(RMSE)曲线。

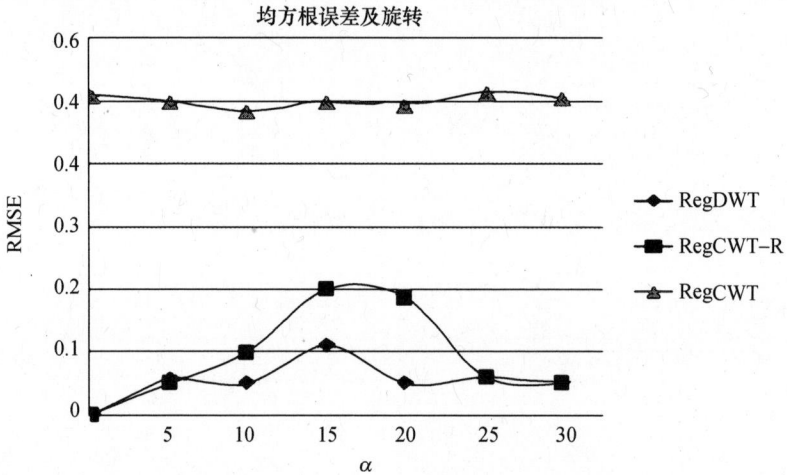

图 3.7　单模图像的均方根误差(RMSE)及旋转角度变化

RegCWT-R 的配准精度明显高于 RegDWT,准确度提高了 55%。RegCWT进一步将精度平均提高了 20%,这是因为复数部分包含图像的大部分细节信息,使得配准精确度更高。

沿 x 轴方向的平移范围从 0～30 像素。同理,从均方根误差可看出,RegCWT的准确度更高。与 RegDWT 和 RegCWT-R 相比,RegCWT 提高了约60%。结果如图3.8所示。

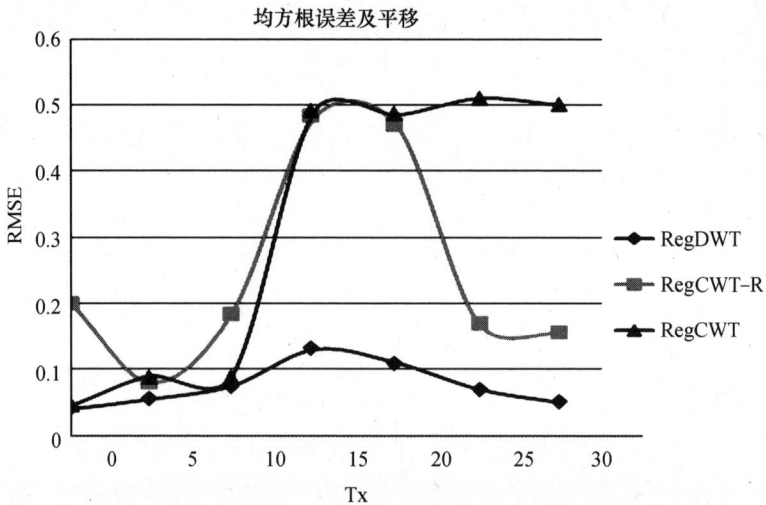

图 3.8　单模图像的均方根误差(RMSE)及其平移(Tx)变化

多模图像的配准实验可使用可见光和红外图像。当旋转 0～30° 时沿 x 轴平移像素,配准精度同样可以根据均方根误差(RMSE)判断。如图 3.9 和如图 3.10 比较了三种配准算法的性能。前一个实验中,RegCWT 比 RegCWT-R 提高了 25%,比 RegDWT 提高了 44%。在后一个实验中,RegCWT 比 RegDWT 效果提高了 60%,比 RegCWT-R 提高了 16.6%。

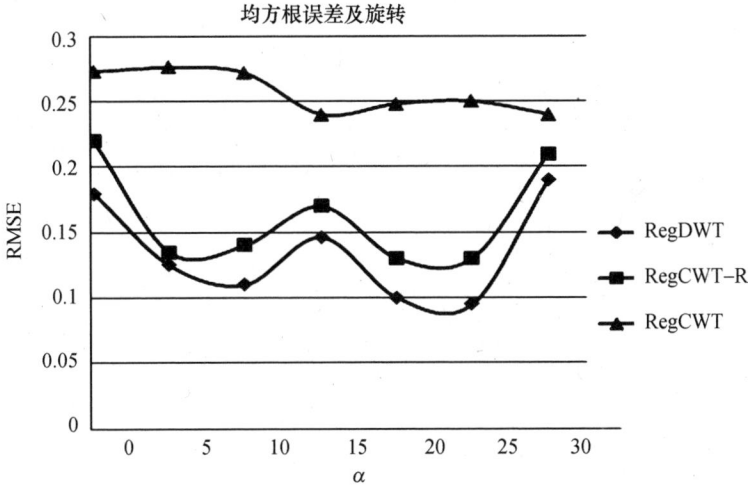

图 3.9　多模图像的均方根误差(RMSE)及旋转角度变化

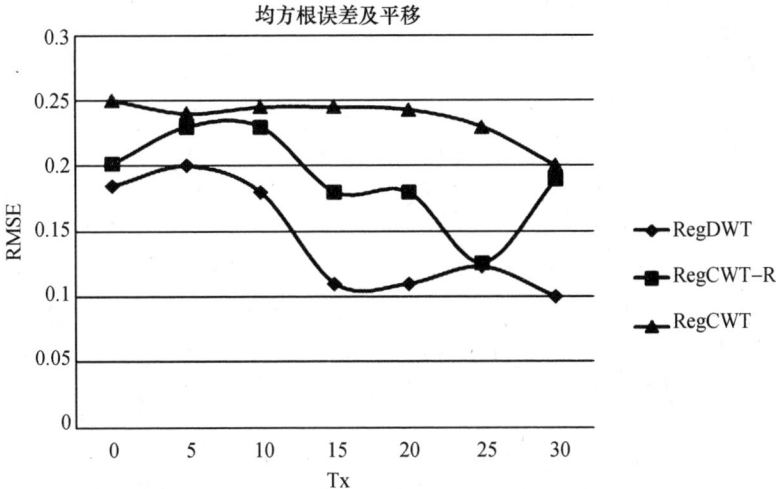

图 3.10　多模图像的均方根误差(RMSE)及其平移(Tx)变化

此外,当沿 x 轴平移 0～60 像素同时旋转 0～60°,用均方根误差比较三种算法性能。如图 3.11 和如图 3.12 显示单模、多模的均方根误差的平均值,实验使用了 12 组图像。单模实验中,RegDWT 平均的均方根误差是 0.26,比 RegCWT(RMSE:0.19)高了 26.9%,比 OESR 方法(RMSE:0.11)高了 57.6%。此外,多

模实验中RegDWT、RegCWT以及新提出的 OESR 方法的平均均方根误差分别为
0.49、0.22、0.03。新提出的 OESR 方法比 RegDWT 提高了 93.8% 。这种性能
改善是因为 RegDWT 采用的是互相关度量,依靠灰度值匹配图像,无法实现多
模的图像配准。

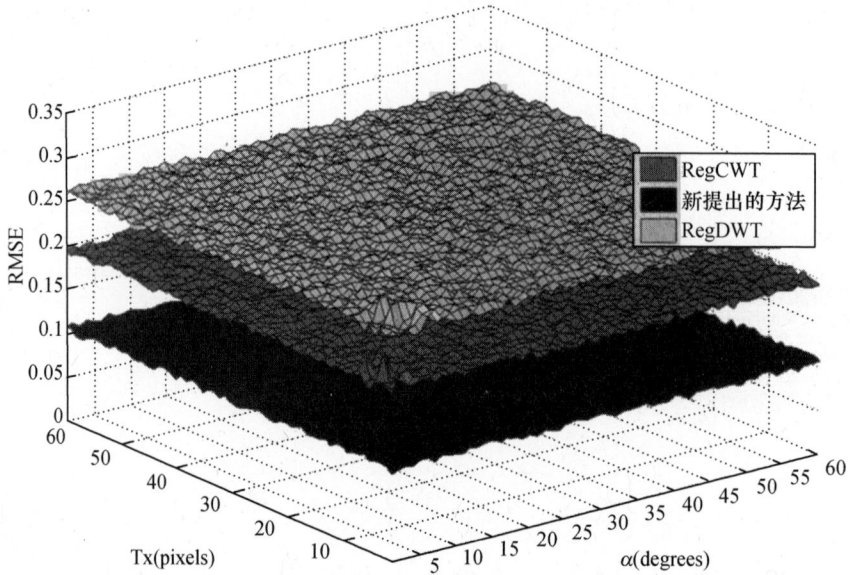

图 3.11   单模实验的平均 RMSE 及沿 X 轴平移和旋转的变化

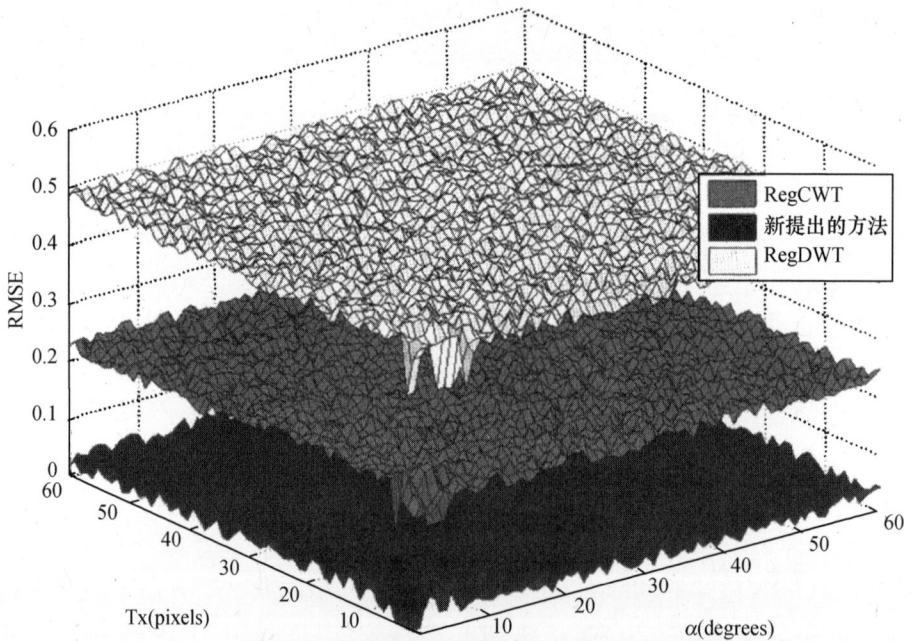

图 3.12   多模实验的均方根误差(RMSE)及沿 X 轴平移和旋转的变化

从图 3.11 和图 3.12 所示可以看出,新提出的 OESR 配准算法对不同平移、旋转变量展现了相同的优越性能。稳定的配准结果有助于较好地实现图像融合,这部分会在第 4 章中进行详细说明。

3.4　AMIR:基于梯度下降的自动多模图像配准

AMIR 是一种基于优化 OESR 的快速多视角、多模自动配准算法。源图像经过 DT-CWT 分解后,在最初的分辨率层采用结合了边缘检测和互相关的新匹配度量的快速搜索方法来找到配准系数的初始估计。初始估计值在其余分辨率层不断优化,此方法与 OESR 相比主要有两点改进。

(1)在最低分辨率层用快速整数搜索法提取边缘映射图并配准,以此获得配准系数的初始估计。

(2)在其余分辨率层采用基于梯度下降法的互信息最大化来优化估计值,由于初始参数向量是在最低分辨率层中获得,因此收敛速度更快。

算法流程与 3.3 节中的公式类似。首先找到最优的变换向量 $v = \begin{bmatrix} s & \alpha & t_x \\ t_y \end{bmatrix}$,计算方法参照式(3.6)。

AMIR 方法的流程图如图 3.13 所示,主要分为图像分解、初始化阶段和优化阶段三个过程。这三个阶段分别在 3.4.1 节、3.4.2 节及 3.4.3 节中详细说明。

3.4.1　图像分解

算法首先分解两个输入图像。采用前面提到的 DT-CWT(13,19 阶近似对称的滤波器将,Q-Shift 算法)将 $I_{REF}(x,y)$ 和 $I_{SRC}(x,y)$ 平移分解为 $D_{REF,l}(x,y)$ $\{l=1,\cdots,n\}$ 和 $D_{SRC,l}(x,y)\{l=1,\cdots,n\}$。其中:$l$ 为分解层数;n 为分解层总数。每一个分解图像都由代表图像近似信息的实部和表示 6 个方向子带(±15°、±45°、±75°)的虚部组成。图像分解后,AMIR 算法还需以下两个阶段:初始化阶段在分解层 n 层进行,优化阶段在 l 层($l=n-1,\cdots,1$)进行。

3.4.2　初始化阶段

从最低分辨率层开始,得到初始估计的变换向量 $v = \begin{bmatrix} \alpha & t_x & t_y \end{bmatrix}$。由于初始估计是其余层优化的基础,所以初始估计必须谨慎处理。互相关是图像配准最有效的匹配规则之一,但互相关存在两个缺点。第一,对计算能力要求高;第二,由于互相关直接处理灰度值,所以不能进行多模图像配准。但是可以通过提取参考图像 M_{ref} 和源图像 M_{src} 低通滤波后的边缘映射图来克服互相关的缺点。用二进制边缘映射图代替图像本身,不仅解决了互相关仅能配准单模图像的限制(关联边缘信息而非关联灰度值),而且减少了计算量。因为边缘图除边缘位

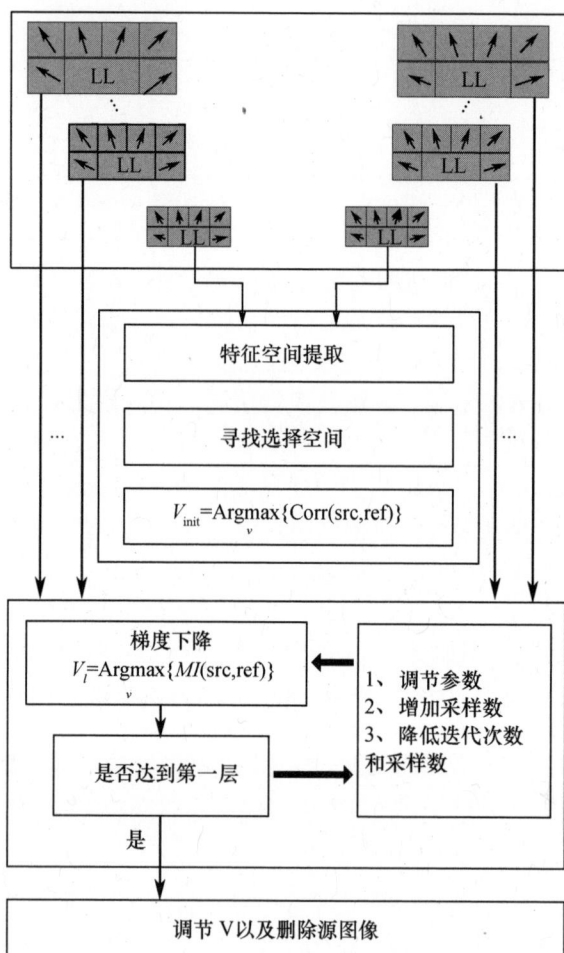

图 3.13 AMIR 框图

置外,大部分值为 0。搜索空间最初选择 $[-\theta, +\theta]$,角度精确度为 Λ_α;$[-\tau_x/\delta, \tau_x/\delta]$ 是沿 x 方向的平移量,$[-\tau_y/\delta, \tau_y/\delta]$ 是 y 方向的平移量,精确度为 Λ_t;$\tau_{x,y}$ 为图像在 n 层的维数;δ 是一个标量(Scalar)。文献[13]采用改进的快速搜索方法确定最佳的初始变换向量 v,记为 $\boldsymbol{V}_{\text{init}} = [\alpha_{\text{init}} \quad t_{\text{init}} \quad t_{y,\text{init}}]$。计算方法如式(3.10)所示。

$$\boldsymbol{V}_{\text{init}} = \underset{v}{\text{argmax}}\{\text{Corr}(T(M_{\text{scr}}), M_{\text{ref}})\} \tag{3.10}$$

式中:Corr 表示互相关;$T(\cdot)$ 表示用向量 v 进行图像变换。此处缩放比例 s 的值为 1。精度 Λ_α 和 Λ_t 的值为整数,原因在于:

(1)在搜索中可提高速度。

(2)只需对系数进行粗略估计,在此基础上利用梯度下降法在其余层进行

44

系数优化。

需要注意的是,在实际图像融合应用中摄像头通常安装于顶部或彼此紧挨着,这样便缩小了初始搜索空间,因此在 LL 子带搜索合适的配准系数是可行的。如果摄像头安装分散或配准系数的数量增加,便可采用文献[29]中的优化方法。

3.4.3　优化阶段

此阶段配准系数的初始估计值从 $n-1$ 层开始逐层优化。然而在最低分辨率层不能采用搜索方法。因为在高分辨率层,由于搜索速度会受图像大小增加的很大影响,导致搜索空间减小。而最低分辨率层的搜索空间较小,导致初始估计的配准系数存在的误差会传播至整个金字塔结构。

这个缺点限制了该算法补偿初始误差的能力。用梯度下降法优化向量 V_{init} 可较好地解决这个问题。如上所述,互信息不仅适合多模图像且与互相关相比计算量小。但梯度下降法并不是直接使用互信息,而是需要对互信息的导数估计进行处理。文献中提到的一些方法可以估计导数并提高梯度下降法的收敛速度[30,31]。本书描述了同时扰动法(SP)。文献[32]应用同时扰动法获得了较好的配准精度,并且每次迭代用时较短。利用同时扰动(SP)的梯度下降法如式(3.11)、式(3.12)和式(3.13)所示。

$$v_{k+1} = v_k - a_k g(v_k) \tag{3.11}$$

$$\frac{\partial MI}{\partial [v]_i}(vk) \approx [g_k^{SP}]_i = \frac{MI(v_k + c_k \boldsymbol{\Delta}_k) - MI(v_k - c_k \boldsymbol{\Delta}_k)}{2c_k[\boldsymbol{\Delta}_k]_i} \tag{3.12}$$

$$MI = MI(R(D_{\mathrm{ref}}), T(R(D_{\mathrm{src}}))) + MI(\|C(D_{\mathrm{ref}})\|, T(\|C(D_{\mathrm{src}})\|)) \tag{3.13}$$

式中:v_k 为迭代 k 次的变换向量估计;$g(v_k)$ 为互信息关于参数 v_k 的导数;$[\cdot]_i$ 表示括号内向量的第 i 个元素;$\boldsymbol{\Delta}_k$ 为"随机扰动向量",其中每个元素在每次迭代中都随机分配;c_k 和 a_k 是 k 次迭代的函数,在仿真章节中会阐明二者的定义;$R(\cdot)$ 和 $C(\cdot)$ 表示图像的实部和虚部。在最低分辨率层可以采用相同的优化方法,但如果没有初始参数向量的信息,梯度下降法的收敛时间会很长。在最低分辨率层用整数搜索的另一个优点是在高分辨率层可以修正梯度下降算法的迭代次数,这样便可以减少配准算法的时间。随着参数的逐层优化,高分辨率层的迭代次数逐渐减少。

3.4.4　AMIR 效果评价

通过几组单模、多模图像对 AMIR 性能进行验证。c_k 和 a_k 的计算方法如式(3.14)、式(3.15)所示。

$$c_k = \frac{c}{(k+1)^\gamma} \tag{3.14}$$

$$a_k = \frac{a}{(a+k+1)^\varepsilon} \tag{3.15}$$

式中：k 为迭代次数；$c = 2.5$；$a = 800$；$A = 200$；$\gamma = 0.101$；$\varepsilon = 0.602$；多模实验中用到两组多模图像：第一组是可见光和红外图像；第二组是核磁共振成像（MRI）和质子密度 MRI 图像（如图 3.14 所示）。表 3.2 比较了所提算法及两种常用的多模配准算法的性能，此两种常用算法分别是 Viola–Wells 互信息法[30] 和 Mattes 互信息法[31]。

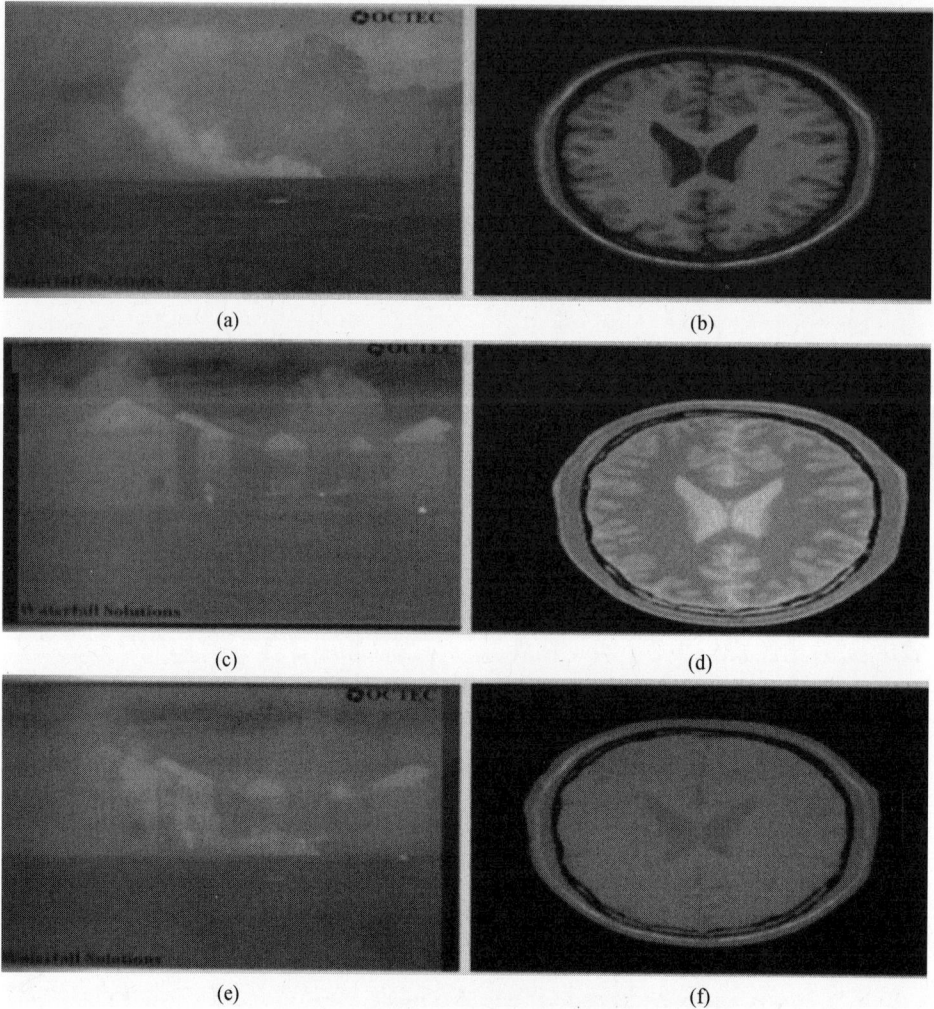

图 3.14　多模实验 OCTEC 公司图像

（a）可见光谱；（b）红外图像；（c）配准输出；（d）核磁共振脑图像；
（e）质子密度核磁共振脑图像；（f）配准输出。

46

表 3.2　参数修复误差的性能对比

图像组	初始位移/mm	AMIR		Viola – Wells [30]		Mattes [31]	
		修复	错误率/%	修复	错误率/%	修复	错误率/%
①	x 25	24.79	0.84	24.87	0.52	24.93	0.28
	y 10	9.94	0.60	9.98	0.20	10.05	0.05
②	x 13	12.901	0.76	12.914	0.50	13.028	0.21
	y 17	16.88	0.70	17.087	0.40	17.007	0.04

所有算法的迭代数均设为 256。在最低分辨率层,3 层 DT–CWT 的迭代数设为 100,在第二层设为 100,最高分辨率层设为 56。需要注意的是,根据 ITK 文档和源代码,在表 3.2 中只包括了平移量的对比。所提出的 AMIR 方法在精确度方面堪比复数算法[30,31],参数修复误差百分比的平均差为 0.4。AMIR 性能优越的原因在于:首先,基于目标的图像融合是在下一步才开始,因此配准的准确度不再那么重要,这一点会在第 4 章详细说明;其次,配准的细微误差会在应用(本例中为监控系统)忽略掉,而医学应用中更适合采用配准结果精确但速度略缓慢的算法。

文献[30]分析了迭代次数对算法收敛、精确度的影响。此外,文献[30]还对算法的执行时间进行分析。文献中所提出的互信息随机近似法在 MATLAB 8.0 中实现,处理器为 2.0GHz 双核处理器,4GB RAM。图 3.15 比较了 x 方向初始位移为 17 像素的光学图像的系数误差修正能力。迭代次数范围在 50 ~ 500 之间。从图 3.15 可明显看出,采用 Viola 方法不论迭代次数是多少,均可获得较高的精确度(误差变化约为 0.5%)。此外,优化收敛时的迭代次数比 AMIR 要少,前者需 101 次,后者需 224 次。但是考虑到配准后的图像处理过程会忽略掉部分误差,因此我们认为 0.5% 的误差偏差可忽略不计。尽管 AMIR 算法的精确度略低,但速度更快,平均每次迭代 0.41s,而 Viola 方法需 1.43s。换句话说,AMIR 用 91.84s 达到收敛,修正错误 0.7%;Viola 方法用 144.43s 能达到同样精度,AMIR 使速度提高了 36%。

单模实验的图像由 PTZ 摄像头采集。摄像头安装在拉斐特路易斯安那大学楼顶用于监控油井设备(见图 3.16)。初始位移是未知的,因此用参考图像和配准后图像间 RMSE(均方根误差)评价算法性能。图 3.17 比较了 AMIR 和文献[16]中所提算法的三个参数:x 方向和 y 方向的平移量及旋转角度。收敛时 MIRF 的均方根误差比文献[16]所提算法的均方根误差约小 60%。尽管文献 [13]用到了并行搜索方法,但也至少需 400 次迭代,每次迭代耗时约 2.33s。而 AMIR 需要迭代 212 次,每次平均耗时 0.4s。

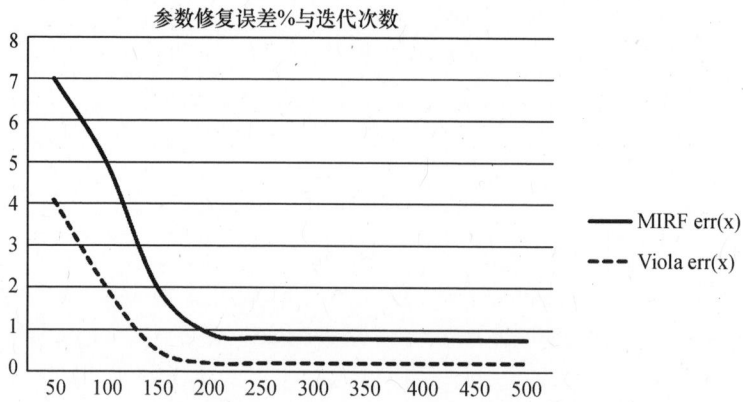

图 3.15　多模实验的参数恢复错误对比

(a)

(b)

(c)

图 3.16　所开发的配准算法的单模实验

(a)摄像头 1 安装在拉斐特的路易斯安那大学楼顶,监控油井设备;

(b)摄像头 2 采集图像;(c)配准图像。

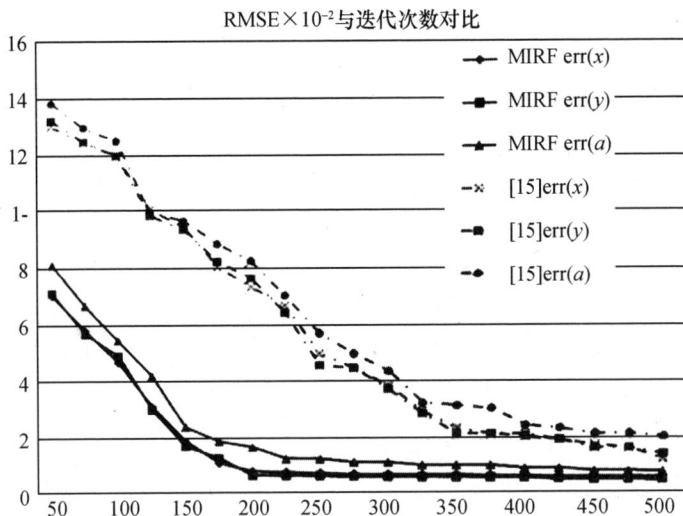

RMSE×10⁻²与迭代次数对比

图 3.17　RMSE 单模实验比较

参 考 文 献

1. M. Ghantous, S. Ghosh and M. Bayoumi, "A multi-modal automatic image registration technique based on complex wavelets," in *International Conference on Image Processing*, Cairo, 2009.

2. M. Ghantous and M. Bayoumi, "MIRF: a multimodal image registration and fusion module based on DT-CWT," *Springer Journal of Signal Processing Systems*, vol. 71, no. 1, pp. 41-55, April 2013.

3. N. Kingsbury, "A dual-tree complex wavelet transform with improved orthogonality and symmetry properties," in *IEEE International Conference on Image Processing*, Vancouver, 2000.

4. K. Lu, Y. Qian and H.-H. Chen, "Wireless broadband access: WIMAX and beyond—a secure and service-oriented network control framework for WIMAX networks," *IEEE Communication Magazine*, no. 45, 2007.

5. C. Nakajima, "Feature detection based on directional co-occurrence histograms," in *Frontiers of Computer Vision (FCV)*, Incheon, 2013.

6. H. Stokman and T. Gevers, "Selection and fusion of color models for image feature detection," *IEEE transactions on Pattern Analysis and Machine Intelligence*, vol. 29, no. 3, pp. 371-381, March 2007.

7. Z. Cheng, "Supermatching: feature matching using supersymmetric geometric constraints," *IEEE Transactions on Visualization and Computer Graphics*, vol. PP, no. 99, February 2013.

8. C.-l. Kim, "Fast stereo matching of feature links," in *3D Imaging, Modeling, Processing, Visualization and Transmission*, Hangzhou, 2011.

9. S. Chen, L. Cao, Y. Wang, J. Liu and X. Tang, "Image segmentation by MAP-ML estimations," *IEEE Transactions on Image Processing*, vol. 19, no. 9, pp. 2254-2264, August 2010.

10. J. Parker, R. V. Kenyon and D. Troxel, "Comparison of interpolating methods for image resampling," *IEEE Transactions on Medical Imaging*, vol. 2, no. 1, pp. 31-29, November 1983.

11. C. P. Diehl, "Toward efficient collaborative classification for distributed video surveillance," Carnegie Mellon University, Thesis, 2000.

12. M. Shah, O. Javed and K. Shafique, "Automated visual surveillance in realistic scenarios," *IEEE Multimedia*, pp. 30-39, January 2007.

13. O. Rockinger, "Image sequence fusion using a shift invariant wavelet transform," *IEEE Transactions on Image Processing*, vol. 3, pp. 288-291, 1997.

14. S. G. Mallat, "A theory for multiresolution signal decomoposition: the wavelet representation," *IEEE Transactions on Pattern Analysis and Machine Intelligence*, vol. 11, no. 7, 1989.

15. L. Fonseca and M. Costa, "Automatic registration of satellite images," in *Barzilian Symposium on Computer Graphics and Image Processing*, Campos do Jordão, 1997.

16. J. Le Moigne, W. J. Campbell and R. P. Cromp, "An automated parallel image registration technique based on the correlation of wavelet features," *IEEE Transactions on Geoscience and Remote Sensing*, vol. 40, no. 8, pp. 1849-1864, 2002.

17. J. N. Sarvaiya, S. Patnaik and S. Bombaywala, "Image registration by template matching using normalized cross-correlation," in *International Conference on Advances in Computing, Control and Telecommunication Technologies*, Trivandrum, 2009.

18. Z. Y. Cao, Z. Z. Ji and M. Z. Hu, "An image sensor node for wireless sensor networks," in *International Conference on Information Technology: Coding and Computing*, Las Vegas, 2005.

19. J. Wu and A. Chung, "Multimodal brain image registration based on wavelet transform using SAD and MI," in *International Workshop on Medical Imaging and Augmented Reality*, 2004.

20. X. Fan, "Automatic registration of multi-sensor airborne imagery," in *Applied Imagery and Pattern Recognition Workshop*, 2005.

21. F. Maes, "Multimodality image registration by maximization of mutual information," *Medical Imaging*, vol. 16, pp. 187-198, 1997.

22. A. Woodward, "Fast automatic registration of images using the phase of a complex transform: application to proteome gels," *Analyst*, vol. 129, no. 6, pp. 542-552, 2004.

23. W. H. Press, "Numerical recipes in C," Cambridge: Cambridge University Press, 1992.

24. R. Xu and Y. chen, "Wavelet-based multi-resolution medical image registration strategy combining mutual information with spatial information," *International Journal of Innovative Computing, Information and Control*, vol. 3, no. 2, 2007.

25. A. Malviya and S. J. Bihrud, "Wavelet based image registration using mutual information," in *IEEE Emerging Trends in Electronic and Photonic Devices and Systems*, 2009.

26. J. Orchard, "Efficient least squares multimodal registration with a globally exhaustive," *IEEE Transactions on Image Processing*, vol. 16, pp. 2536-2544, 2007.

27. U. o. L. a. Lafayette, July 2013. [Online]. Available: http://www.ull.edu.

28. O. ltd., July 2013. [Online]. Available: http://www.octec.org.au/.

29. N. Navab, "Camera Augmented Mobile C-arm (CAMC): calibration, accuracy study, and clinical applications," *IEEE Transactions on Medical Imaging*, vol. 29, no. 7, pp. 1412-1423, June 2010.

30. P. Viola and W. Wells, "Alignment by maximization of mutual information," in *IEEE International Conference on Computer Vision*, 1995.

31. D. Mattes, D. R. Haynor, H. Vesselle, T. K. Lewellyn and W. Eubank, "Non-rigid multimodality image registration," in *Medical Imaging, Image Processing*, 2001.

32. S. Klein, M. Staring and J. P. W. Pluim, "Comparison of gradient approximation techniques for optimization of mutual information in nonrigid registration," in *Proceedings SPIE Medical Imaging*, 2005.

第4章 图 像 融 合

图像融合的目的是把不同图像或流的信息合成一个图像。图像融合可从不同光谱中获取更多的场景信息;也可减少计算量并为后续处理节约内存。本章首先综述图像融合的基本方法以及文献中提到的最新算法。然后,提出 GRA-FUSE 融合方法和 MIRF 融合方法。GRAFUSE 融合方法是一种属于多分辨率金字塔策略的混合方法,可融合两幅图像。MIRF 融合方法是一种结合了自动多模图像配准与融合的方法。这两种最新的融合算法减少了图像处理的负担。

4.1 引　　言

图像融合是结合从不同视角、不同光谱采集信息的过程,图像融合可获得可见及隐藏的信息[1]。可见光摄像可在白天提供高质量的图像,但在夜间或环境较差的条件下获得的图像质量不高。然而红外传感器在夜间、雾天可以提供质量较好的图像,并且能透过墙壁、地表探测到目标。图像融合的目的是合并不同源图像的补偿信息和冗余信息,生成可描述"真实场景"的融合图像,融合图像的效果比单一图像更好。采用多模传感器有助于增强图像融合的鲁棒性及性能,但会面临信息过载的问题。通过最小化存储和处理过程的数据量,可缓解信息过载问题。实际上,图像融合的应用范围非常广泛,从国防、监控系统到地质科学、遥感[2]、医学成像[3]、机器人以及工业工程[4]等。

本章提出基于多分辨率分解、目标提取、梯度测量的图像融合方法,记为GRAFUSE 融合方法[5]。算法首先将两个源图像进行分解,然后对图像子带进行处理。将从分解图像中提取的目标分为共有目标和独有目标两种。独有目标可以直接转移到融合图像中,无需其他处理;共有目标需要利用基于区域的融合规则进行融合。剩余的背景部分可用简单的基于像素的方法进行融合。本章介绍的另一个内容是多模图像配准和融合模块(Multimodal Image Registration and Fuse module,MIRF),该方法是结合配准与融合的模块[6]。MIRF 融合方法充分利用图像配准和融合的相同步骤,可减少计算量。

本章的其余部分结构如下。4.2 节介绍了图像融合的背景知识。图像融合主要分为像素级融合、窗口级融合以及特征级融合。4.3 节对相关文献进行综述。4.4 节详细介绍 GRAFUSE 融合方法的原理和仿真实验并评价了算法性能。4.5 节为 MIRF 融合方法的仿真实验及结果分析。

4.2 图像融合的背景知识

图像融合可分为三个等级:信号或像素级、特征或目标级、决策级。4.2.1节和4.2.2节对前两个融合等级进行详细说明。决策级融合目前仍然处于理论研究中。感兴趣的读者可以从文献[1]中获得相关信息。

4.2.1 信号级融合

大多数图像融合方法都是属于像素级融合,这是最低级别的融合。此类别直接对源图像进行融合,融合前无需其他处理,融合作用于像素,因此称为基于像素的融合方法。基于窗口的融合是对源图像的每一像素点以及邻域像素进行融合,是在基于像素的融合方法基础上发展起来的。4.2.2节主要分析基于像素的方法以及基于窗口的融合方法。

1. 基于像素的图像融合

基于像素的图像融合需要逐个处理源图像中的所有像素。位于不同源图像相同位置的两个像素采用某种融合规则完成融合。融合后的像素值用于表示合成图像的这个位置的像素。过程如图4.1所示。常用的融合规则主要分为基于算法和基于生物学的规则两种。

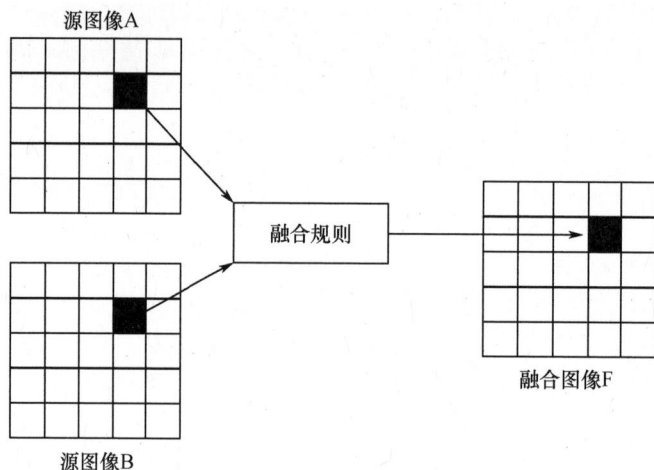

图 4.1 基于像素的融合

常见的基于算法的融合规则包括加权组合、主成分分析(PCA)[7]法。前者是最简单的像素级融合方法,在(x,y)处的融合像素为 F。$f(x,y)$ 表示对源图像 A、B 中位于(x,y)的像素加权组合,如式(4.1)所示,即

$$F(x,y) = w_1 \cdot A(x,y) + w_2 \cdot B(x,y) \tag{4.1}$$

式中：w_1 和 w_2 为融合权值。在均值法中，融合权值均为 0.5，计算方法可以表示为式(4.2)，即

$$F(x,y) = 0.5 \times (A(x,y) + B(x,y)) \qquad (4.2)$$

均值法融合是一种简单高效的融合方法。均值法融合可以抑制源图像中的噪声，但同时融合图像的对比度减弱，出现特征不明显的问题[8]。如图 4.2 所示和如图 4.3 所示为两组融合实验，一组为多模图像，另一组是多聚焦图像。

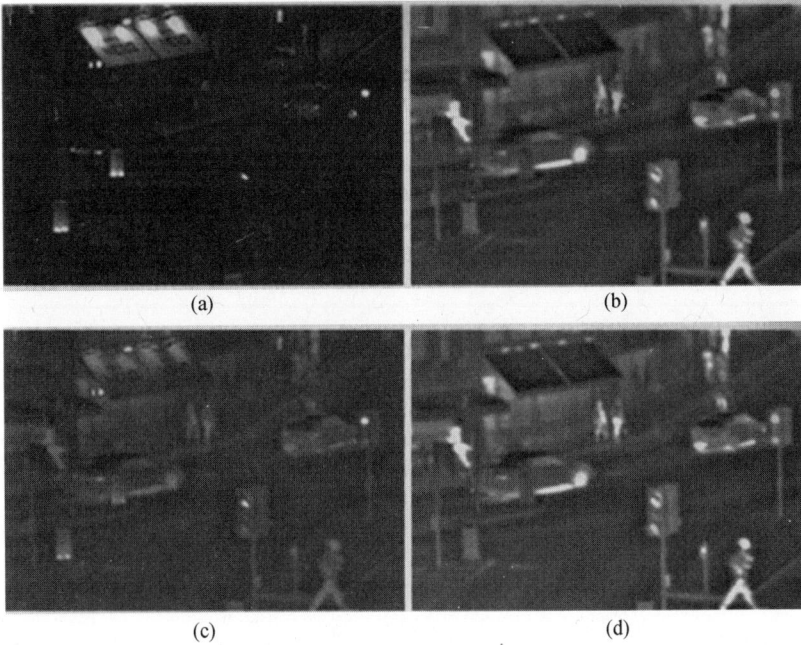

图 4.2　多模图像的融合
(a)可见光图像；(b)红外图像；(c)均值法融合图像；(d)PCA 法融合图像。

PCA 法不像加权组合那样随机选择融合权值，也不像均值融合那样采用固定的融合权值[7]。PCA 法用源图像的全局方差确定是否需要更大的融合权值。因此需要获得源图像的协方差矩阵，计算方法见式(4.3)、式(4.4)、式(4.5)、式(4.6)，即

$$C = \begin{bmatrix} v_A & C_{AB} \\ C_{AB} & v_B \end{bmatrix} \qquad (4.3)$$

$$v_A = \frac{1}{m \times n} \sum_{x,y} (A(x,y) - \mu_A)^2 \qquad (4.4)$$

$$v_B = \frac{1}{m \times n} \sum_{x,y} (B(x,y) - \mu_B)^2 \qquad (4.5)$$

$$C_{AB} = \frac{1}{m \times n} \sum_{x,y} (A(x,y) - \mu_A)(B(x,y) - \mu_B) \qquad (4.6)$$

图 4.3 多聚焦图像融合

(a)左模糊图像;(b)右模糊图像;(c)均值法融合图像;(d)PCA 法融合图像。

得到源图像 A、B 的协方差矩阵之后,将最优权值作为 C 的最大特征值对应的特征向量中的元素。PCA 法融合方法被认为是简单且高效的融合方法。由于 PCA 法给具有更高全局方差的图像更大的权值。因此,这种方法更像是选择其中一个源图像而非融合源图像。PCA 的缺点是对噪声敏感[9]。图 4.2 和图 4.3 为采用 PCA 方法获得的融合结果。

由于人类视觉系统对局部对比度变化敏感,因此基于生物学的融合方法应运而生。多分辨率分解,如金字塔分解和小波分解,能够表现图像的局部对比度变化。融合过程可概括为从分辨率较低的分解层到分辨率较高的分解层依次提取源图像的特征(通常为边缘或纹理),再经过融合获得融合图像。

小波和金字塔融合策略[10]是两种最早的基于生物学的融合方法。图像的金字塔结构包括一系列低通或带通子带来表示不同尺度(如高斯金字塔)的图像信息。基于拉普拉斯金字塔的融合方法首先对两个源图像建立高斯和拉普拉

54

斯金字塔结构。比较每一层带通图像某位置的两个像素,选择绝对值较大的像素作为此位置融合后的像素。换句话说,通过选择最显著的图像特征建立起能表示源图像多分辨率信息的新金字塔结构。Toet[11]发现人类视觉系统对局部亮度对比度比局部亮度差更敏感。这意味着融合时高斯金字塔的不同层之间用除法比减法更适合。对比度以及比例低通金字塔(ROLP)融合方法诞生于20世纪90年代。金字塔融合方法具有如下优点:

(1)金字塔形式的图像融合方法分别考虑了不同尺度的图像特征。

(2)结合输入图像的不同特征,丢失的源图像信息比单一分辨率处理少。

拉普拉斯金字塔计算量大、过完备,但融合效果好。由于小波方法[12]具有更优越的融合效果且避免了过完备问题,因此逐渐取代了拉普拉斯金字塔的方法。

20世纪80年代中期,提出了小波变换技术。离散小波变换与傅里叶变换在表示和分析数据方面类似,但表示方法不同。小波是由一个函数扩大、平移后形成的函数族组成。这个函数称为母小波,在傅里叶变换中是正弦函数族。DWT表示对信号进行小波叠加,如式(4.7)所示,即

$$f(x) = \sum_{p,q} C_{p,q} \Psi_{p,q}(x) \tag{4.7}$$

式中:小波函数 $\psi_{p,q}(x)$ 为母小波 $\psi(x)$ 扩大、平移后的函数。尺度变换通常为 $\psi_{p,q}(x) = 2^{-p/2}\psi(2^{-p}x - q)$。整数 p 和 q 称为尺度指数和位置指数,分别定义了每个小波的宽度和位置。以2为幂的尺度变换可以在分解过程中通过高通、低通滤波和降采样完成。与FT类似,二维DWT连续使用了简单的一维DWT。变换结果是一个每层包含小波系数的新图像。多分辨率小波变换展现了比金字塔策略更好的性能,原因如下:

(1)空间方位,不像金字塔结构表示那样,不包括方向信息。

(2)可设计小波变换提取出显著的纹理/边缘,且通过选择合适的母小波或高通、低通滤波达到在某种程度上抑制噪声。

(3)小波分解所得的不同尺度图像具有更高的独立性,金字塔策略所得的不同尺度图像间存在关联。

小波图像融合流程如图4.4所示。图4.4中的高频系数的融合规则采用系数绝对值取大,低频系数的融合规则采用均值融合。

2. 基于窗口的图像融合

图像中的一个像素通常属于某个区域。因此,根据像素周围的窗口选择融合规则有望获得更好的融合结果。基于像素与基于窗口的区别如图4.5所示。

基于窗口的方法通常用于金字塔或小波融合方案中用加权组合替代系数绝对值取大。融合权值通过像素周围窗口内的某种测度确定。基于窗口的融合流程如图4.6所示。

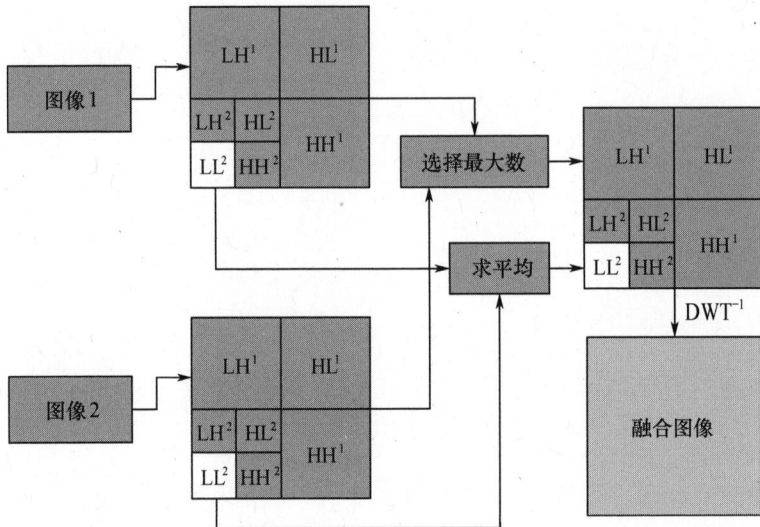

图 4.4　小波融合过程

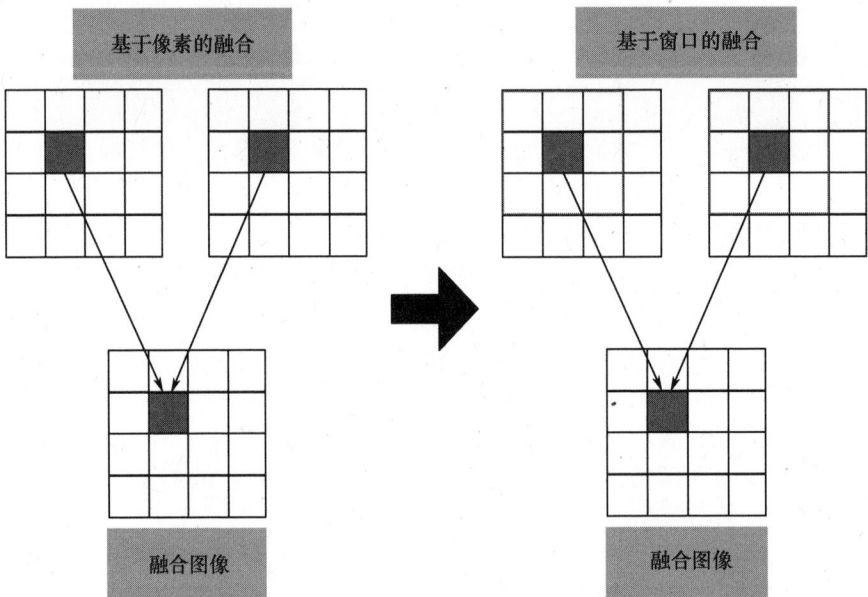

图 4.5　基于像素的融合与基于窗口的融合差异

　　基于窗口的融合方法包含活动、匹配和决策三个新的环节。活动环节计算像素周围窗口的活动等级（或称融合测度）。计算方法包括计算窗口的局部能量或活动级别两种方法。计算方法见式(4.8)和式(4.9)。

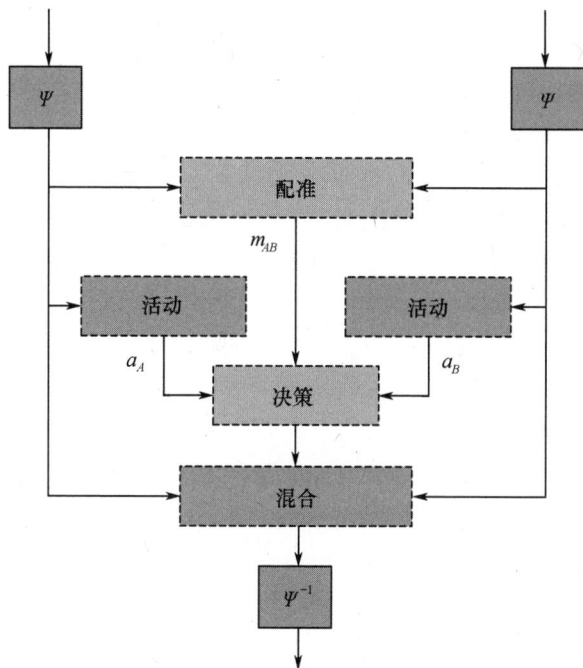

图 4.6　基于窗口融合

$$A(i,j) = \sum_{(m,n) \in W} w(m,n) C(m,n,k)^2 \tag{4.8}$$

$$A(i,j) = \sum_{(m,n) \in W} w(m,n) |C(m,n,k)| \tag{4.9}$$

通过式(4.10)获得匹配度。

$$M_{AB} = \frac{2 \sum\limits_{(m,n) \in W} C_A(m,n,k) C_B(m,n,k)}{\sum C_A(m,n,k)^2 + \sum C_B(m,n,k)^2} \tag{4.10}$$

M_{AB} 的值在 0 ~ 1 之间。决策环节通过 M_{AB} 和 A 的值获得融合后的系数,如式(4.11)所示。

$$\text{如果 } M_{AB} \leqslant \alpha, \text{于是有 } F(x,y) = \begin{cases} A(x,y) \text{ 如果 } A_A(x,y) \geqslant A_B(x,y) \\ B(x,y) \quad \text{否则} \end{cases} \tag{4.11}$$

若两幅图像的某一区域不相似,则根据活动等级的高低选择最突出的特征。若此区域相似,则采用加权组合的方式融合。通过式(4.12)可获得权值,式中 $w_2 = 1 - w_1$。

$$\text{如果 } M_{AB} > \alpha$$

则有

$$F(x,y) = w_1 A(x,y) + w_2 B(x,y) \tag{4.12}$$

57

$$w_1 = \begin{cases} w_{\min} = \dfrac{1}{2}\left(1 - \dfrac{1-M_{AB}}{1-\alpha}\right) & \text{如果 } A_A(x,y) \leqslant A_B(x,y) \\ w_{\max} = 1 - w_{\min} & \text{否则} \end{cases} \qquad (4.12)$$

4.2.2　特征级融合

从基于像素的融合方法发展到基于窗口的融合方法是一项重大的突破。然而区域比固定大小的窗口更适合表示某一像素。换句话说,图像是不同区域的集合,而非固定大小的窗口的集合。因此,可以将依据图像区域特征而非图像像素特征的融合方法称为基于区域的融合方法。

基于区域的融合方法首先将源图像分割为不同区域,然后采用与基于窗口的融合方法类似的步骤确定最佳的融合规则(如根据区域活动级和匹配度确定融合权值)。基于窗口与基于区域的融合方法之间的区别如图4.7所示。

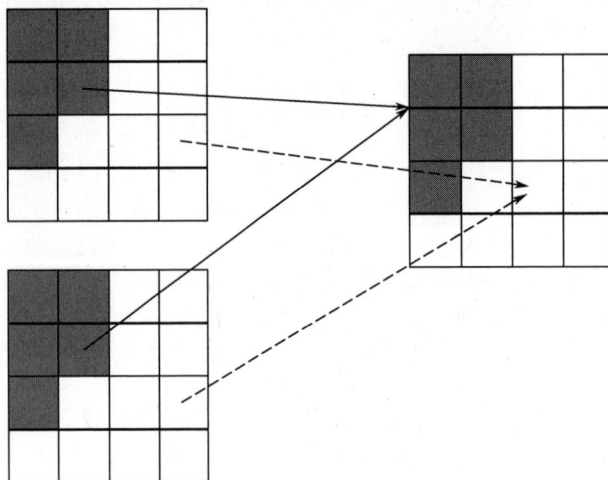

图 4.7　基于区域的融合

4.3　常见的图像融合方法

常用的像素级融合算法包括加权组合和 PCA。这两种方法复杂度低,但生成的融合图像对比度低,特征不明显。受人类视觉系统的启发,多分辨率(MR)方案可以克服对比度不明显的缺点。Burt 和 Adelson 提出拉普拉斯金字塔是最早的多分辨率技术之一。在此之后相继提出的比例低通金字塔(RoLP)、对比度金字塔、梯度金字塔、FSD 和形态学金字塔进一步提高了融合性能。但这种性能提高的代价是变换系数过完备。

小波分解方法如 DWT[12] 则不存在变换系数过完备的问题。因此,小波分解广泛应用于图像融合中。通过小波分解不仅可提取不同分辨率图像的特征,

58

还可获得图像的不同方向信息。DWT 由于每一层分解的降采样,存在平移变化。SIDWT[13]是一种移不变的分解方法,但信号表示过完备。较新的 DT-CWT[14]与 SIDWT 相比能减少过完备,并且比 DWT 能获得更多的方向信息,DT-CWT可用 6 个不同方向表示图像的细节信息。

如上所述,基于区域的融合方法通过融合图像区域改善融合效果。如文献[15]中的源图像首先用多分辨率变换分解。分割映射图为 $\mathbf{R} = \{R^{(1)}, R^{(2)}, \cdots, R^{(K)}\}$,其中 K 是分解的最高层,分解过程可利用金字塔相关的变换方法[16]完成。然后计算每一区域的活动级,建立相应的决策映射图。文献[17]采用基于纹理的图像分割算法完成图像融合。与之前提到的方法不同,文献[17]采用独立成分分析(ICA)法代替小波变换。Mitianoudis 等利用 ICA 法[18]提出了基于像素和区域的图像融合算法。与基于小波的融合方法相比,基于 ICA 法的融合方法展现出更好的融合效果[19]。然而这种方法为了获得平移不变性而使用了滑动窗口技术,会增加算法的复杂度。此外,还需要对 ICA 法进行训练。文献[20]首先对源图像进行分割,之后针对分割区域采取一系列融合规则来实现图像融合,融合实验将所提方法与基于 Mumfor-Shah 能量模型的融合方法对比。后者使用的融合规则为能量取大。

4.3.1　融合方法评价

如上所述,所有基于区域的融合方法都利用多分辨率分解来提取图像区域。我们认为在监控应用中应该优先考虑移动目标。确保移动目标转移到合成图像中的目标,可以忽略掉配准过程细微的误差。表 4.1 对上述章节中提到的融合方法进行了对比分析。

表 4.1　图像融合算法比较

参考文献	领域	方法	结论
[15]	DWT	金字塔相关分解	分解算法繁琐
[16]	DWT	基于纹理的图像分解	分解算法繁琐
[17]	ICA	基于像素	ICA 法需要训练,比 DWT 计算量大
[18]	ICA	基于窗口/区域	比小波精度高,但计算量比小波大
[19]	DWT	采用一些融合规则,选择效果最好的一个	不适合约束平台

4.4　GRAFUSE:基于梯度的混合图像融合方案

如上所述,基于区域的方案能获得更好的融合性能,但会因先前的多分辨率分解算法而增加复杂度。除了不重要的区域外,图像中的所有区域都需要经过相同分解层的融合,这就增加了算法的复杂度,从而不适合应用于受资源约束的嵌入式平台(例如应急监控系统)。

为了确保源图像中最相关的信息转移到合成图像中并尽量减少所需的处理量,在本节中介绍所开发的一种新的结合了基于像素和基于区域方法的融合方案。此方案的基本思想基于两点:

(1) 在大多数应用中,只有极少的区域/目标是需要转移的重要信息,其余区域属于背景。

(2) 在监控系统中,通常可以获得每种传感器的背景图像。

由于可以获得背景图像,可以应用简单的背景差分法从源图像中提取出目标。这样就可以减少算法复杂度,与上述提到的分割技术相比更易于实现。然后利用 DT-CWT 并对分解图像采用更智能的融合规则,确保图像中感兴趣的目标均能转移到新图像中。背景信息融合可以用基于窗口的融合方法确保未提取的目标也转移到合成图像中。完整的融合过程如图 4.8 所示,细节流程如图 4.9 所示。首先可以采用基于 3 帧差分和自适应背景差分,或者比多分辨率分割更有效的方法从源图像中提取感兴趣的目标,此方法复杂度更低,对 $n \times n$ 图像来说复杂度为 $O(n^2)$。之后将提取的目标分为共有目标和独有目标。对共有

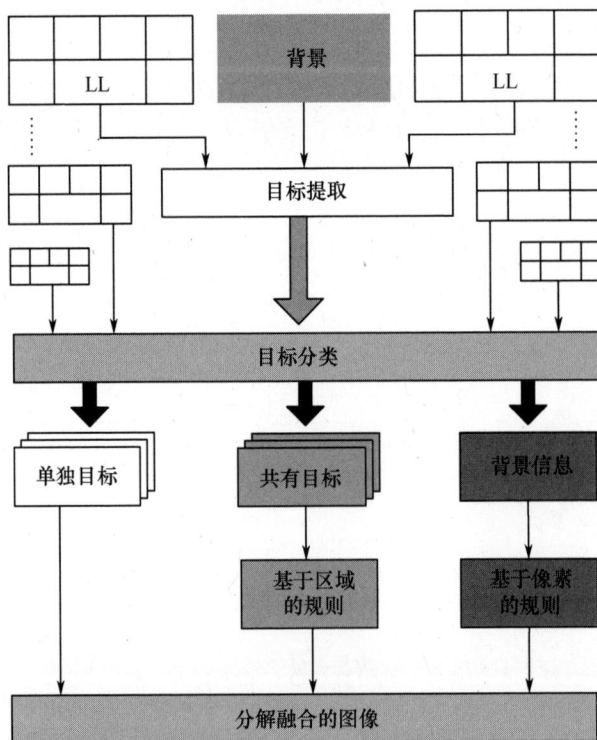

图 4.8 GRAFUSE 融合过程

60

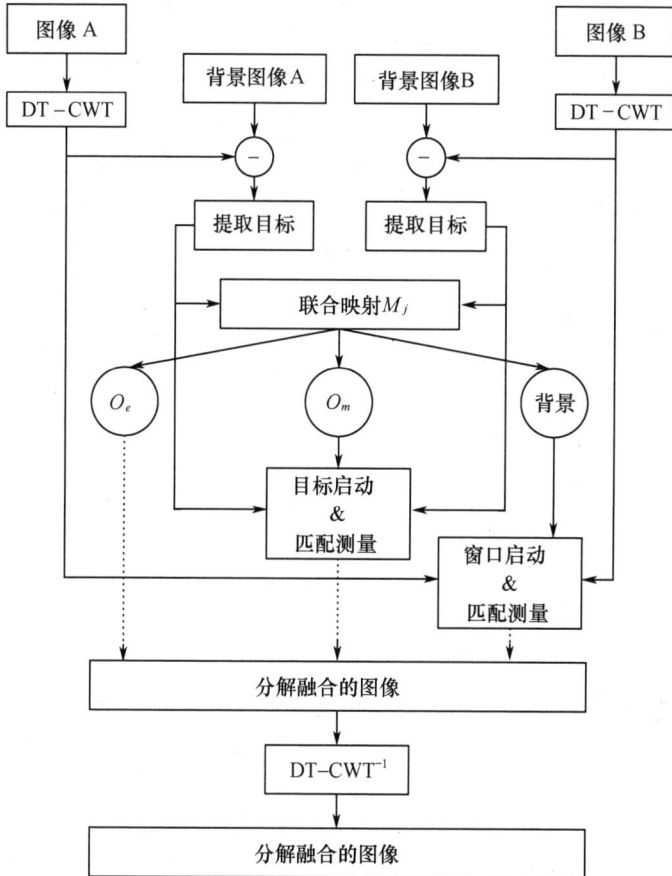

图 4.9　GRAFUSE 详细融合框图

目标采用更智能的基于区域的融合规则,并且将不需要额外处理的独有目标直接转移到合成图像中,减少了计算量。剩余的背景信息用基于窗口的融合方法确保图像背景数据及未提取的目标也转移到合成图像中。

4.4.1　目标提取与分类

提取目标可以用简单的背景差分法,也就是将背景图像除去,留下移动目标。然而这种方法并不总是这么简单易行。随着时间推移,许多因素如时间、天气条件、光照等使背景随之变化。因此文献[21]开发了一种结合动态均值法(Running Average Method)和 3 帧差分法的融合策略,这种方法简单且所需内存低,更适合嵌入式平台。因此对于每个光学传感器 $i(i=1,\cdots,m)$,根据式(4.13)~式(4.15)建立二进制映射图。本节传感器数量为 2,在实际应用中也可多于两个。

61

$$\Omega_i(x,y) = \begin{cases} 1 & \text{如果} |I_{f,i}(x,y) - B_{f,i}(x,y)| > th \\ 0 & \text{否则} \end{cases} \qquad (4.13)$$

$$B_{f+1,i}(x,y) = \begin{cases} \beta B_{f,i}(x,y) + (1-\beta)I_{f+1,i}(x,y) & \text{如果}(x,y)\text{是不移动的} \\ B_{f,i}(x,y) & \text{如果}(x,y)\text{是移动的} \end{cases}$$

$$(4.14)$$

如果 $|I_{f,i} - I_{f-1,i}| > th$ 且 $|I_{f,i} - I_{f-2,i}| > th$，那么 (x,y) 是移动的 $\qquad(4.15)$

在 Ω_i 中，0 为背景像素，1 表示感兴趣的目标像素。在三个等式中，f 是当前帧，$f-1$ 为前一帧，$f-2$ 是前两帧。β 是常量而 th 是利用先验知识设置的阈值，也可以是自适应计算的阈值[21]。根据多模图像的特点，一些目标可能不在可见光图像中出现，但在红外图像中可见。因此我们将提取的目标分为两类：共有和独有。独有目标(O_E)是只在一种图像中出现的，而共有目标是在所有类别图像中均出现。之后在最高分辨率分解层计算联合映射图 $\Omega_{\text{joint}} = \cup\{\Omega_i\}$。表 4.2 列举了 Ω_{joint} 中区域的类别。简单检验每个在 Ω_1 出现的目标，是否出现在 Ω_2 中（例如逻辑操作 AND，因为摄像头通常都是相邻放置，目标在两幅图像会有细微的变形），确定目标是否是 Ω_1 独有($O_{E,v}$类)，或 Ω_1 和 Ω_2 共有(O_M类)。其余在 Ω_2 中未经过检验的目标为 $O_{E,I}$ 类。下一个分辨率层的联合映射图通过降采样 Ω_{joint} 产生。需要注意的是，3 帧差分法与动态均值法仍会提取属于背景的目标。然而这个缺点并不影响图像融合功能，也不影响算法速度。因为目标分类操作会将"错误"目标分到共有类或独有类，之后根据相应的融合规则融合。

表 4.2 　Ω_{joint} 的分类

分类	定义
I	共有目标 (O_M)
II	独有的可见光区域或目标 ($O_{E,V}$)
III	独有的红外区域或目标 ($O_{E,I}$)
IV	背景

4.4.2　融合规则

融合规则与第 3 章提到的规则类似。在最低分辨率层用简单的均值法融合近似图像，每一分解层的细节系数根据其属于 Ω_{joint} 的分类采用不同的融合规则。基于区域的融合方法用于融合类别 I 的系数。对于 O_M 中的每个目标，采用加权组合的方法，具体计算见式(4.16)，即

$$C_F(O_M) = \omega_1 C_1(O_M) + \omega_2 C_2(O_M) \qquad (4.16)$$

式中：$C_F(O_M)$ 为融合系数；$C_1(O_M)$、$C_2(O_M)$ 为细节系数；ω_1 和 ω_2 为相应的权值。为了确定最优权值 ω_1、ω_2，需要从两个源图像中得出区域活动级和匹配度。区域活动等级用区域的局部能量(LE)计算，计算方法见式(4.7)，即

$$LE_i = \frac{1}{N} \sum_{C_i(x,y,l) \in O_M} C_i(x,y,l)^2 \tag{4.17}$$

式中:N 为 O_M 中的像素数,也可理解成 O_M 区域的大小;$C(x,y,l)$ 为在 (x,y) 位置、l 级的 DT-CWT 系数。区域匹配度的计算方法见式(4.18),即

$$Match_{12}(O_M) = \frac{2 \times \left[\sum_{C_i(x,y,l) \in O_M} C_1(x,y,l) \cdot C_2(x,y,l) \right]}{LE_1 + LE_2} \tag{4.18}$$

如果 $Match_{12}(O_M)$ 小于权值 μ,采用目标/区域活动级"取大"的方法。活动等级高的目标被转移到融合图像中(例如权值变为 0 或 1),方法计算见式(4.19),即

$$C_F = \begin{cases} C_1 & \text{如果 } LE_1 \geqslant LE_2 \\ C_2 & \text{否则} \end{cases} \forall (x,y) \in \begin{cases} C_A(x,y,l) \text{如果 } A_A(Omu) \geqslant A_B(Omu) \\ C_B(x,y,l) \text{如果 } A_A(Omu) < A_B(Omu) \end{cases} \tag{4.19}$$

如果匹配度超过 μ,权值 ω_1 和 ω_2 的计算方法见式(4.20),即

$$\omega_1 = \begin{cases} \omega_{\min} & \text{如果 } LE_1 < LE_2 \\ \omega_{\max} & \text{否则} \end{cases}$$

$$\omega_{\min} = \frac{1}{2}\left(1 - \frac{1 - M_{AB}(Omu)}{1 - \alpha}\right), \omega_{\max} = 1 - \omega_{\min},$$

$$\omega_{\min} = \frac{1}{2}\left(1 - \frac{1 - Match_{12}(O_M)}{1 - \alpha}\right), \omega_{\max} = 1 - \omega_{\min}, \omega_B = 1 - \omega_A \tag{4.20}$$

Ⅱ类和Ⅲ类中的独有目标(O_E)只属于一个图像,不属于另一个图像。因此不需要进行处理,可直接转移到融合图像中,减少了计算量计算方法见式(4.21),即。

$$C_F(x,y,l) = \begin{cases} C_A(x,y,l) & \text{如果 } i = A \\ C_B(x,y,l) & \text{如果 } i = B \end{cases} \tag{4.21}$$

Ⅳ类的融合采用简单的基于窗口的方法。根据 Ω_{joint},对于每个属于背景(类别Ⅳ)的系数,计算像素邻域(通常大小为 3×3 或 5×5)的活动级。局部能量可获取窗口内图像丰富的亮度信息,但无法反映出高频部分的变化。而基于梯度能量的方法能获得高频部分的变化,但无法解释这些变化如何能增加区域的信息丰富性。因此我们提出了一种新的能量测度,称为 GrA。$N \times N$ 窗口的活动等级 W 的计算方法见式(4.22),即

$$GrA_i(W) = \frac{\sum_{(x,y)W} \sqrt{[C(x,y,l) - C(x+1,y,l)]^2 + [C(x,y,l) - C(x,y+1,l)]^2}}{\sqrt{2}(N-1)^2} \tag{4.22}$$

如果两种图像子带的窗口 GrA 值之差小于 μ,便采用式(4.10)~式(4.12)中的局部能量方法。如果差大于 μ,便根据式(4.16)~式(4.21)计算 $GrA_{1,2}$。

这样便可获得最低分辨率层区域的丰富信息以及高频部分的变化。

4.4.3 GRAFUSE 性能评价

融合性能的评价是融合系统重要组成部分,近几年这个研究领域得到了极大关注。性能评价主要分为两类:主观评价和客观评价。前者通过观察融合图像或将融合图像与源图像比较,评价融合算法的性能。虽然这种方法简单,不需要处理,但仍然依赖操作员检验,有时无法准确评价融合算法的性能。后者无需人为干预,但不适合实时操作,也不适合需要自主决策的应急监控系统。

1. 定性评价

如上所述,可以通过人的视觉观察评价图像融合方法的性能。换句话说,需要一些人通过测试判断融合图像的质量,例如检验图像目标或考察图像方向。具体来说,检测可以用于确定或识别自然背景下的目标,也可以用于观察图像是否正立或反转。此外,还可通过分别观察融合图像、源图像,比较响应时间和错误率。具有更短响应时间和更低错误率的融合图像表示其融合算法性能更好。

2. 定量评价

定量评价可分为三类:融合图像特征、融合图像和源图像的关系、融合图像和理想融合图像的关系。

融合算法的性能可以通过融合图像的信息量或融合图像的清晰度来评价。图像的信息熵可以用来表示图像中的信息量,计算方法见式(4.23),即

$$E = - \sum_{i=0}^{L-1} P_i \log_2 P_i \tag{4.23}$$

另一个根据融合图像特征进行评价的指标是平均梯度。它反映了图像的清晰度,计算方法见式(4.24),即

$$\bar{g} = \frac{\sum \sum \sqrt{[F(x,y) - F(x+1,y)]^2 + [F(x,y) - F(x,y+1)]^2}}{\sqrt{2}(M-1)(N-1)} \tag{4.24}$$

源图像和融合图像的关系能确定有多少信息转移到融合图像中和有多少信息丢失。互信息反映融合图像与源图像的相似性的指标。互信息是一种反映两幅图像的统计相关性的信息熵。评价时需要计算融合图像与每一个源图像间的互信息,之后求和。互信息越大,融合效果越好。式(4.25)和式(4.26)为互信息的计算过程,即

$$I = \sum p_{AB}(a,b) \cdot \log[p_{AB}(a,b)/(p_A(a) \cdot p_B(b))] \tag{4.25}$$

$$MI = I_{AF} + I_{BF} \tag{4.26}$$

整体交叉熵(The Overall Cross Entropy,OCE)是另一种基于融合图像和源图像的关系的评价方法。互信息是测量图像间的相似程度,而 OCE 是确定融合图

像与源图像的差异程度。OCE 的值越小,融合效果越好。式(4.27)和式(4.28)分别用于计算交叉熵和整体交叉熵。

$$CE(X,Z) = \sum_{i=0}^{L} h_x(i) \log_2 \left| \frac{h_x(i)}{h_z(i)} \right| \qquad (4.27)$$

$$OCE(X,Y,Z) = \frac{CE(X,Z) + CE(Y,Z)}{2} \qquad (4.28)$$

式中:A、B、X 和 Y 表示源图像;F、Z 表示融合图像。

图 4.10、图 4.11、图 4.12 是采用 6 种不同融合方法的融合结果。这 6 种方法分别为:均值法、PCA 法、拉普拉斯金字塔、窗口拉普拉斯 DWT 和窗口 DWT。表 4.3、表 4.4、表 4.5 为定量评价结果。

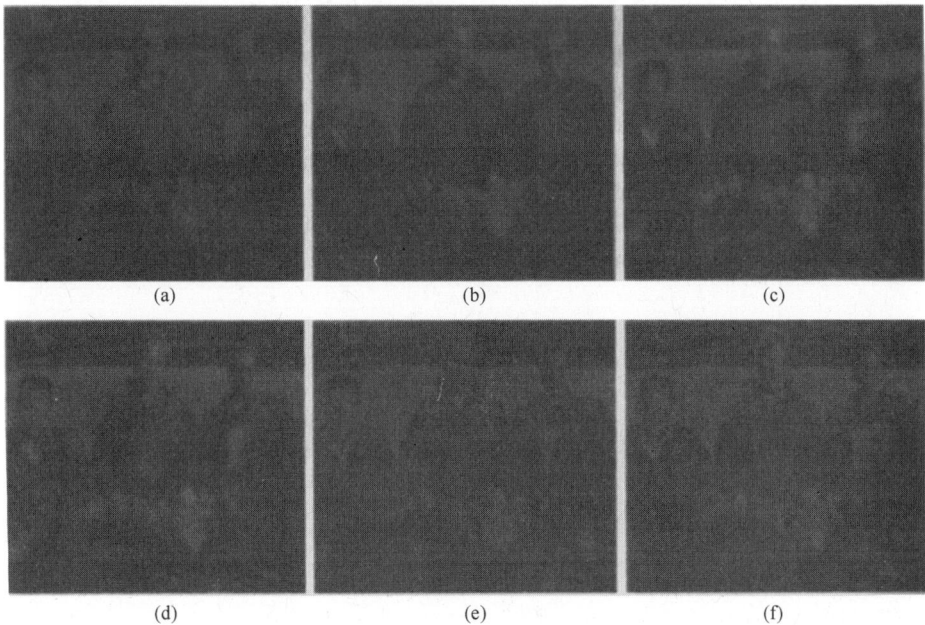

图 4.10 隐藏武器检测图像的定性评价

(a)均值法;(b)PCA 法;(c)拉普拉斯金字塔;(d)窗口拉普拉斯;(e)DWT;(f)窗口 DWT。

表 4.3 隐藏武器检测图像的定量评价

	信息熵	整体交叉熵(OCE)	梯度	互信息
均值法	3.4922	0.9930	0.8697	2.6151
PCA 法	3.4034	1.1134	0.8000	2.6516
拉普拉斯金字塔	3.6015	0.6591	1.2732	2.307
窗口拉普拉斯	3.8254	0.7319	1.3237	2.2957
DWT	3.76	0.6442	1.493	2.32
窗口 DWT	3.62	0.8641	1.4130	2.3156

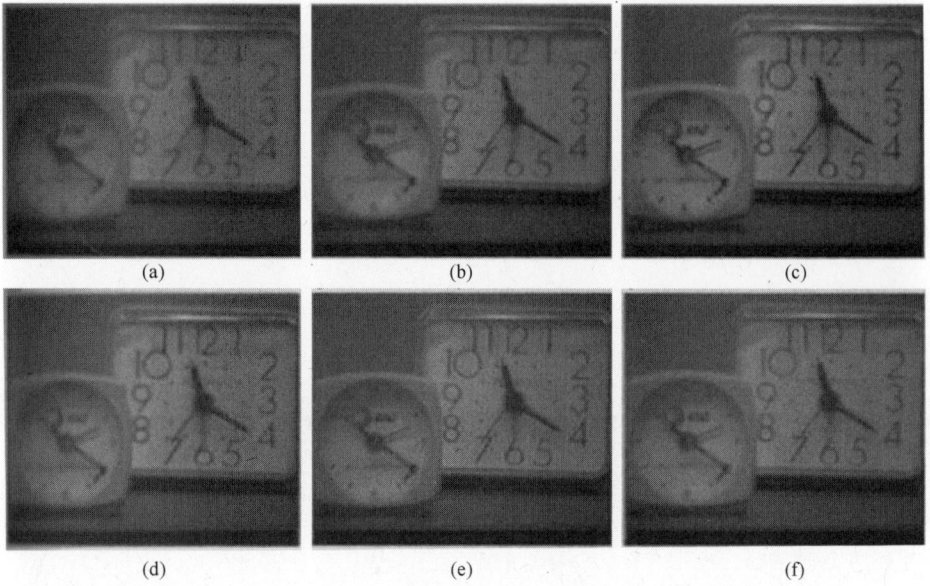

图 4.11　散焦图像的定性评价

（a）均值法；（b）PCA 法；（c）拉普拉斯金字塔；（d）窗口拉普拉斯；（e）DWT；（f）窗口 DWT。

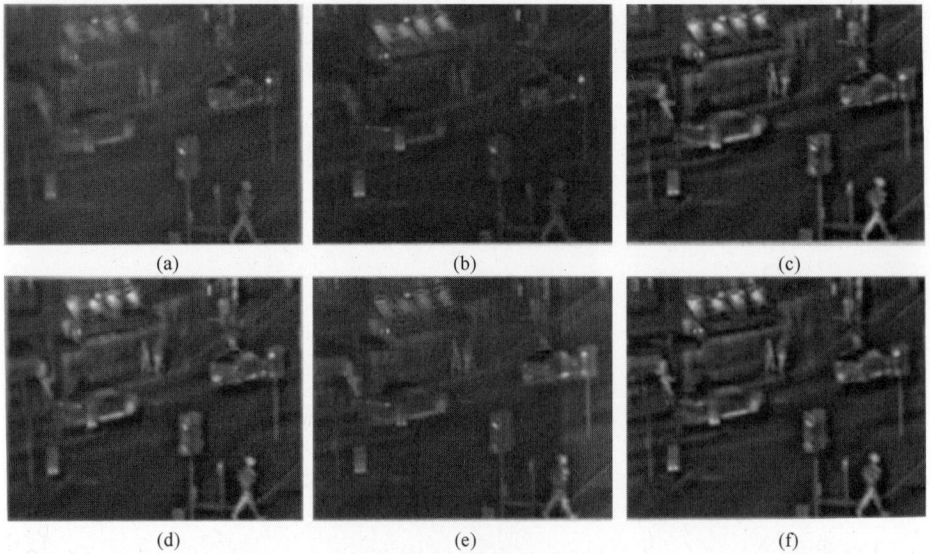

图 4.12　监控图像的定性评价

（a）均值法；（b）PCA 法；（c）拉普拉斯金字塔；（d）窗口拉普拉斯；（e）DWT；（f）窗口 DWT。

表 4.4　散焦图像的定量评价

	信息熵	整体交叉熵(OCE)	梯度	互信息
均值法	6.9535	0.0426	1.2007	2.3499
PCA 法	6.9705	0.0329	1.2873	2.3984
拉普拉斯金字塔	7.0591	0.0612	1.729	2.205
窗口拉普拉斯	7.0607	0.0604	1.6941	2.2105
DWT	7.02	0.0311	1.7978	2.27
窗口 DWT	7.07	0.0306	1.6673	2.24

表 4.5　监控图像的定量评价

	信息熵	整体交叉熵(OCE)	梯度	互信息
均值法	5.909	3.5996	1.1916	1.7613
PCA	5.4553	3.6298	1.0536	1.6799
拉普拉斯金字塔	6.5797	2.93	2.133	1.6732
窗口拉普拉斯	6.6072	1.9437	2.1489	2.2105
DWT	6.32	2.9361	1.9252	1.6820
窗口 DWT	6.1023	1.9362	2.0896	1.6917

　　理论上讲,如果存在理想融合图像,那么确定融合图像和理想融合图像之间的误差是最合适的评价方法。均方根误差(RMSE)和信噪比(SNR)可用来确定误差,计算方法见式(4.29)和式(4.30),即

$$\text{RMSE}^2 = \frac{1}{MN} \sum \sum \left[R(i,j) - F(i,j) \right]^2 \qquad (4.29)$$

$$\text{PSNR} = 10\lg \frac{255 \times 255}{\text{RMSE}^2} \qquad (4.30)$$

　　如图 4.13 所示为原始图像及两种模糊图像,如图 4.14 所示为两种模糊图像的融合结果。利用均方根误差和信噪比两种参数对整合图像的定量评价如表 4.6 所列。

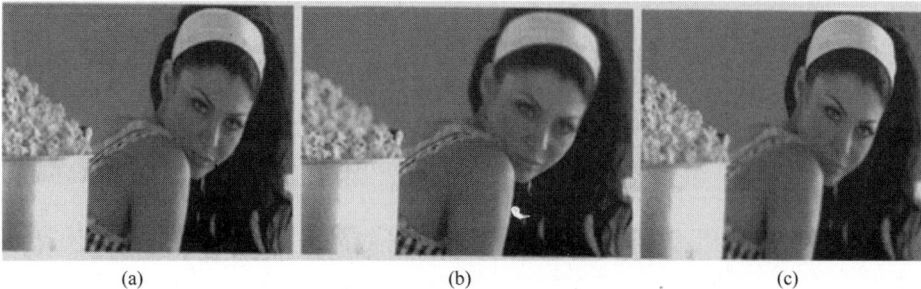

(a) (b) (c)

图 4.13　模糊图像

(a)原始图像;(b)上模糊图像;(c)下模糊图像。

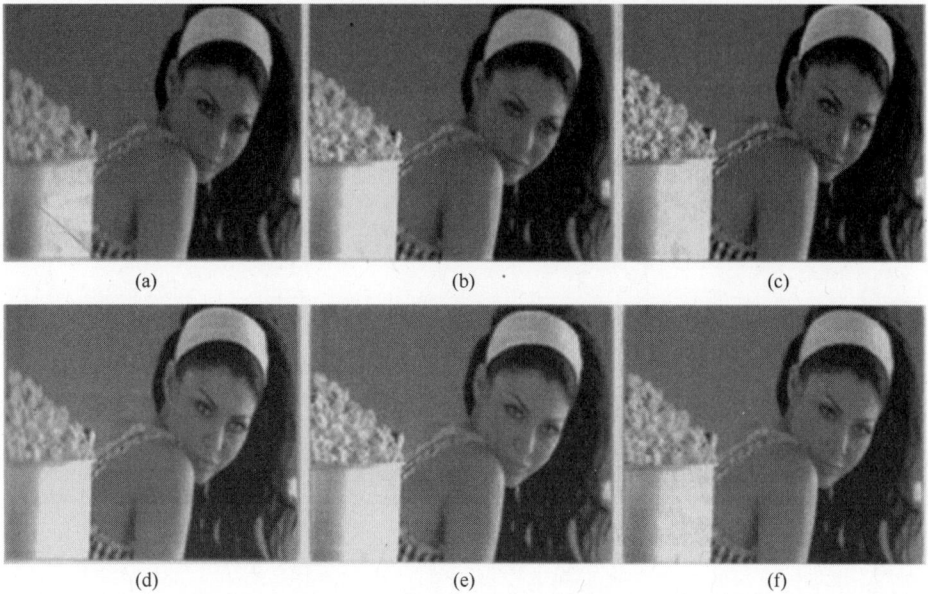

图 4.14　模糊图像融合的定性评价

（a）均值法；（b）PCA 法；（c）拉普拉斯金字塔；（d）窗口拉普拉斯；（e）DWT；（f）窗口 DWT。

表 4.6　模糊图像融合性能的定量评价

	RMSE	PSNR
均值法	6.59	73.1
PCA 法	7.01	71.85
拉普拉斯金字塔	8.39	68.50
窗口拉普拉斯	6.56	73.2
DWT	5.18	77.8
窗口 DWT	3.7	84.6

4.4.4　客观性能评估

近几年融合评价在学术界获得广泛关注，相继提出了许多评价融合性能的方法。这些评价方法不论采取何种融合方法都可对融合图像进行评价。下面介绍两种最著名的客观评价方法。

（1）基于目标边缘的评估是由 Xydeas 和 Petrovic 提出的[22]。此方法计算从源图像转移到融合图像的边缘信息量，值为 0 表示丢失输入信息，值为 1 表示融合效果理想。计算方法见式（4.31），即

$$Q^{AB/F} = \frac{\sum_{n=1}^{N} \sum_{m=1}^{M} Q^{AF}(n,m)\omega^{A}(n,m) + Q^{BF}(n,m)\omega^{B}(n,m)}{\sum_{i=1}^{N} \sum_{j=1}^{M} (\omega^{A}(i,j) + \omega^{B}(i,j))} \qquad (4.31)$$

68

（2）基于普氏指数（Universal Index，UI）的评价方法是由 Piella 和 Heijmans 提出的[23]。UI 测量从源图像转移到融合图像的显著信息。UI 是基于 Wang 和 Bovic 提出的结构相似度[24]。UI 值越大，融合效果越好，计算方法表示为式（4.32），即

$$UI(a,b,f) = \frac{1}{|W|} \sum_{w \in W} (\lambda(w)Q(a,f|w) + (1 - \lambda(w))Q(b,f|w))$$

(4.32)

利用背景差分法开发的融合方法对同一场景的可见光监控图像（如图 4.15（a）所示）和红外监控图像（如图 4.15（b）所示）进行测试。用互信息、$Q^{AB/F}$、UI 客观评价融合结果。实验中的系数设置如下：$\tau = 5$，$\alpha = 0.95$，融合窗口为 3×3，

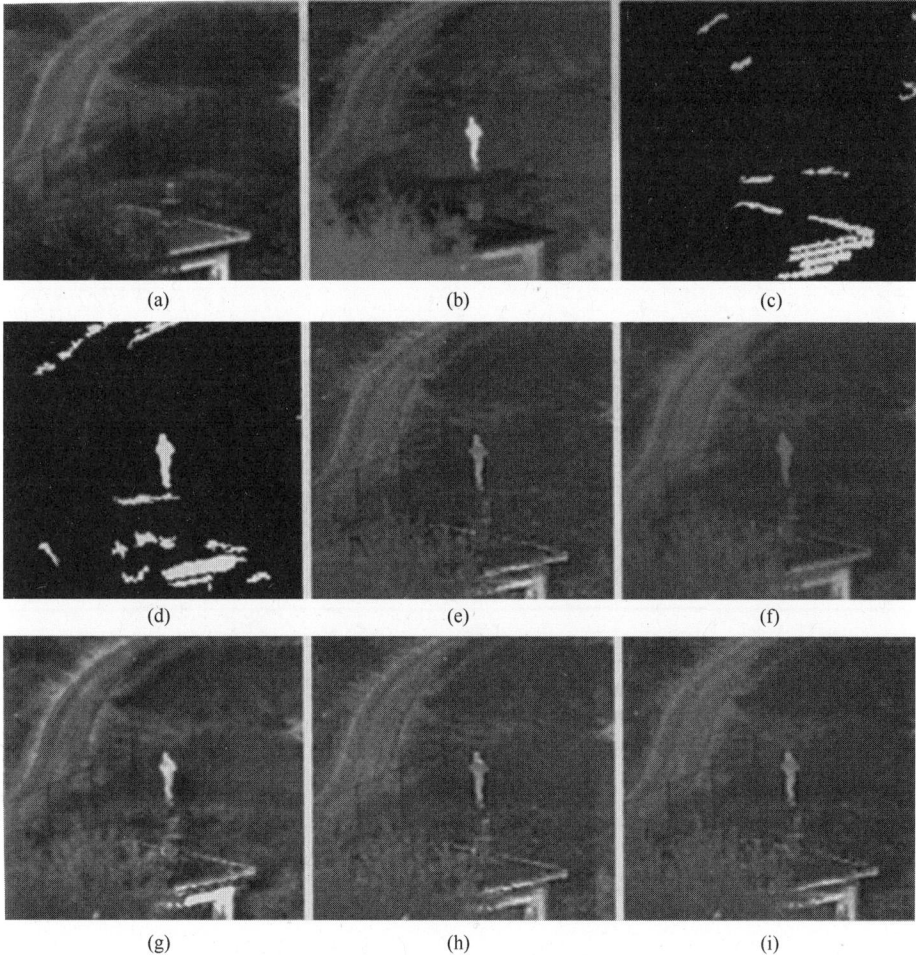

图 4.15　可见光与红外图像融合

(a)可见光图像；(b)红外图像；(c)可见光图像预处理；(d)红外图像预处理；
(e)GRAFUSE；(f)均值法融合图像；(g)基于窗口的拉普拉斯金字塔；
(h)基于像素 DT-CWT；(i)基于窗口 DT-CWT。（LEXTOET 博士提供图片）

UI 的滑动窗口为 8×8。本书提出了一种基于局部能量和基于梯度活动级的融合方法(分别记为 PALE 和 PAGA),用这两种方法与均值法、窗口拉普拉斯金字塔(LP)、基于像素和窗口的 DT-CWT 方法(DT-CWT 软件代码由 Kingsbury 提供)进行比较。融合结果如图 4.15 所示。表 4.7 总结了算法的定量比较结果。PAGA 用梯度活动级代替窗口局部能量,PAGA 与 PALE 的性能比较如图 4.16 和 4.17 所示。

表 4.7　GAFUSE 的定量评价

	UI	$Q^{AB/F}$	MI
均值法	0.8940	0.2993	2.0040
窗口拉普拉斯金字塔	0.9113	0.3633	2.0160
像素 DT-CWT	0.9334	0.4059	2.0248
窗口 DT-CWT	0.9327	0.4126	2.0256
PALE	0.9377	0.4336	2.0280
PAGA	**0.9378**	**0.4411**	**2.0284**

如表 4.7 所列,GRAFUSE 比传统方案性能提高了约 5% ~47%。图 4.16、图 4.17 中的仿真结果表明基于梯度的融合方法效果更好(约提高了 10.2%)。

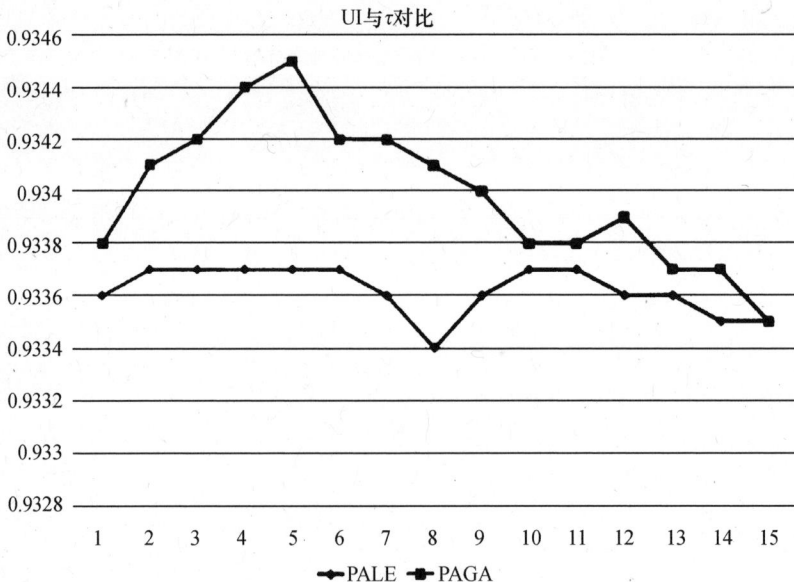

图 4.16　根据 UI 比较 PALE 与 PAGA

下一组仿真实验用动态均值背景法完成 GRAFUSE。如上所述,以视觉观察作为融合方法性能的检测手段并不足以评价算法的性能和质量,并且费时、不方便。因此对方法的评价分为两种:定性和定量。将所提出的 PALE、PAGA 与对

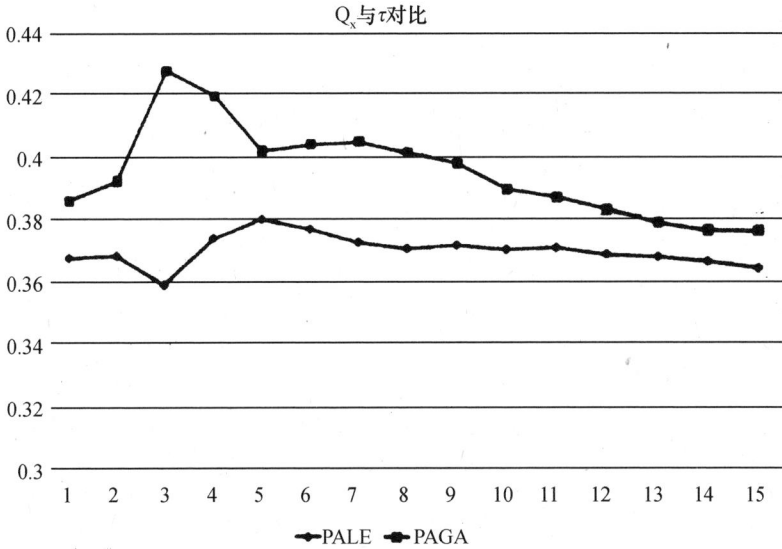

图 4.17 根据 Q_x 比较 PALE 与 PAGA

比度金字塔、DWT、梯度金字塔、FSD 金字塔、拉普拉斯金字塔、形态学金字塔、PCA 法、比例金字塔和 SIDWT 等传统融合方法对比。此外,我们还进行了基于目标提取的纯 DWT 实验。在此基础上又提出了两种改进的融合算法:第一种算法是结合基于梯度和能量测度的方法,记为 GuseGrA;第二种算法是基于局部能量的方法,记为 FuseLE。

图 4.18、图 4.19、图 4.20 和图 4.21 展现两组融合实验的结果:第一组(A 组)图像由 David Dwyer 博士提供;第二组(B 组)图像由 Lex Toet 博士提供。

如上所述,定性评价结果不充分、评价过程不方便,因此采用定量评价。定量评价通常分为两种。第一种为基于融合图像本身的质量指标,例如信息熵、信噪比。但为了获得更全面的融合质量评定,需要用到第二种涉及融合图像和源图像的特征指标。本节在评价融合图像质量时用到 4 种指标:①整体交叉熵反映图像包含的信息量[25],OCE 值越大,融合效果越好;②互信息反映融合图像对源图像的依存关系[26],MI 的值越大,融合算法的效果越好;③由 Xydeas 和 Petrovic 提出的 $Q^{AB/F}$ 能反映从源图像转移到融合图像的边缘信息量,0 表示丢失输入信息,1 为理想融合,因此 $Q^{AB/F}$ 的值越接近 1 越好;④由 Piella 和 Heijmans 提出的普氏指数(UI)[23],反映了源图像转移到融合图像的显著信息量。UI 是在 Wang 和 Bovic 提出的结构相似性指标的基础上发展起来的[24]。UI 的值越大,融合效果越好。表 4.8 用上述 4 种评价指标对 12 组多传感器图像进行评价。加粗的数据表示对应评价指标下的最佳效果,根据 OCE 和 $Q^{AB/F}$,FuseG 优于其他算法。OCE 方面提高了 12.1% ~30.4%,$Q^{AB/F}$ 方面提高了 10.2% ~37.7%。

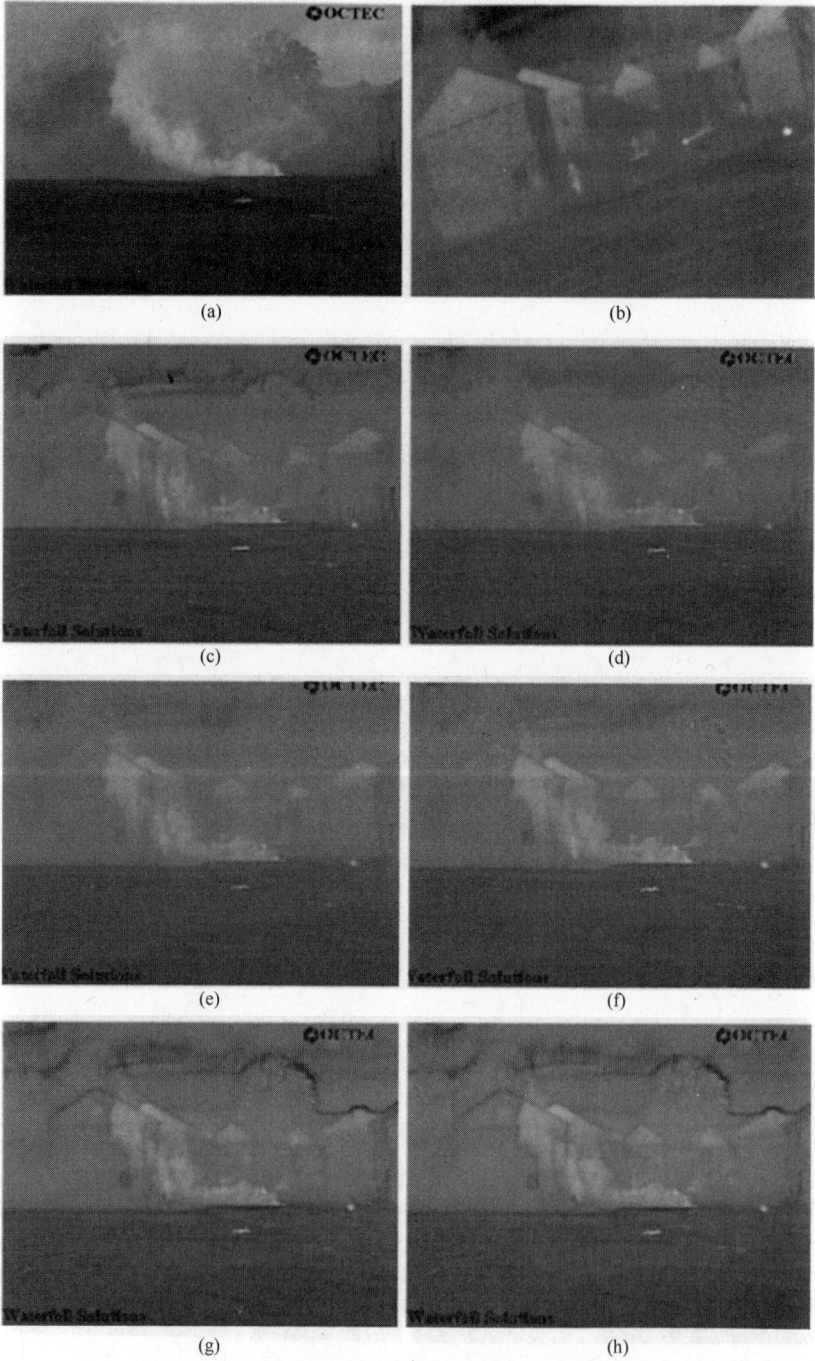

图 4.18　A 组 OCTEC 图像融合算法的定性评价

(a)可见光图像；(b)红外图像；(c)对比度金字塔；
(d)DWT；(e)梯度金字塔；(f)FSD 金字塔；(g)拉普拉斯金字塔；(h)形态学金字塔。

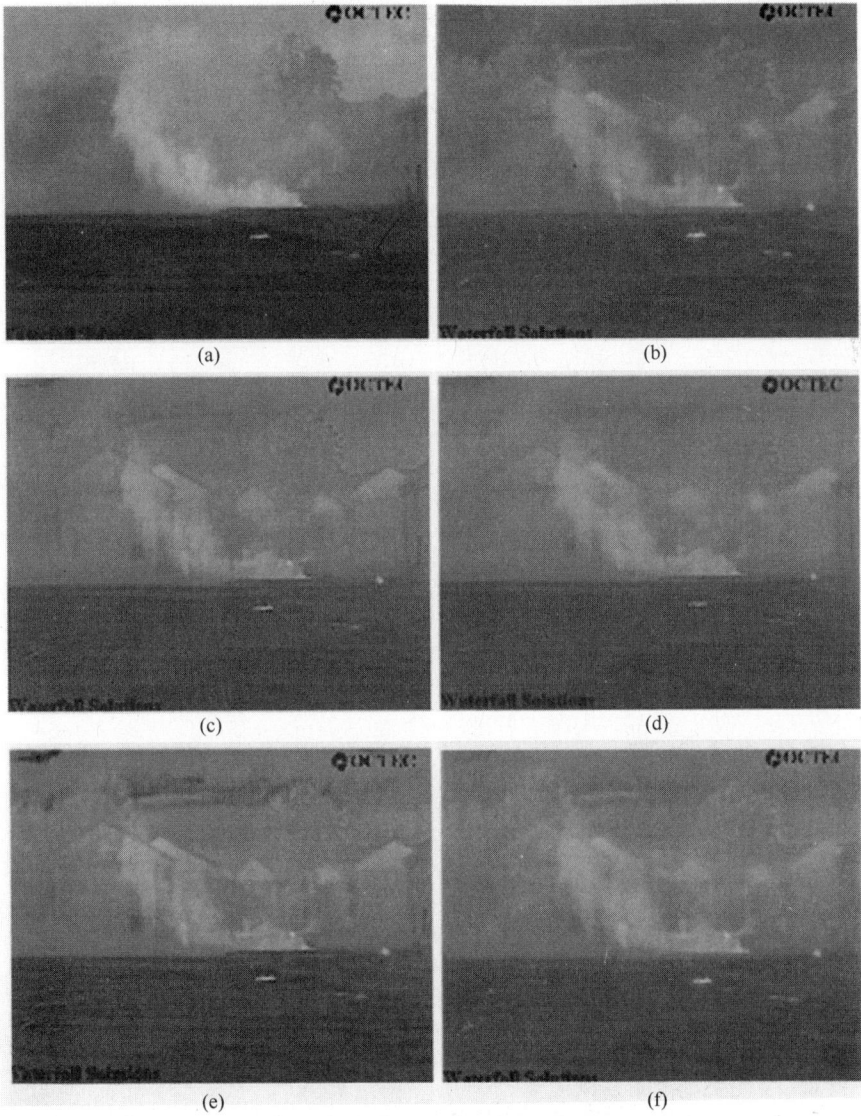

图 4.19　B 组 OCTEC 图像融合算法的定性评价

（a）PCA 法；（b）比例金字塔；（c）SIDWT；（d）DWT 对象提取；（e）FuseG；（f）FuseLE。

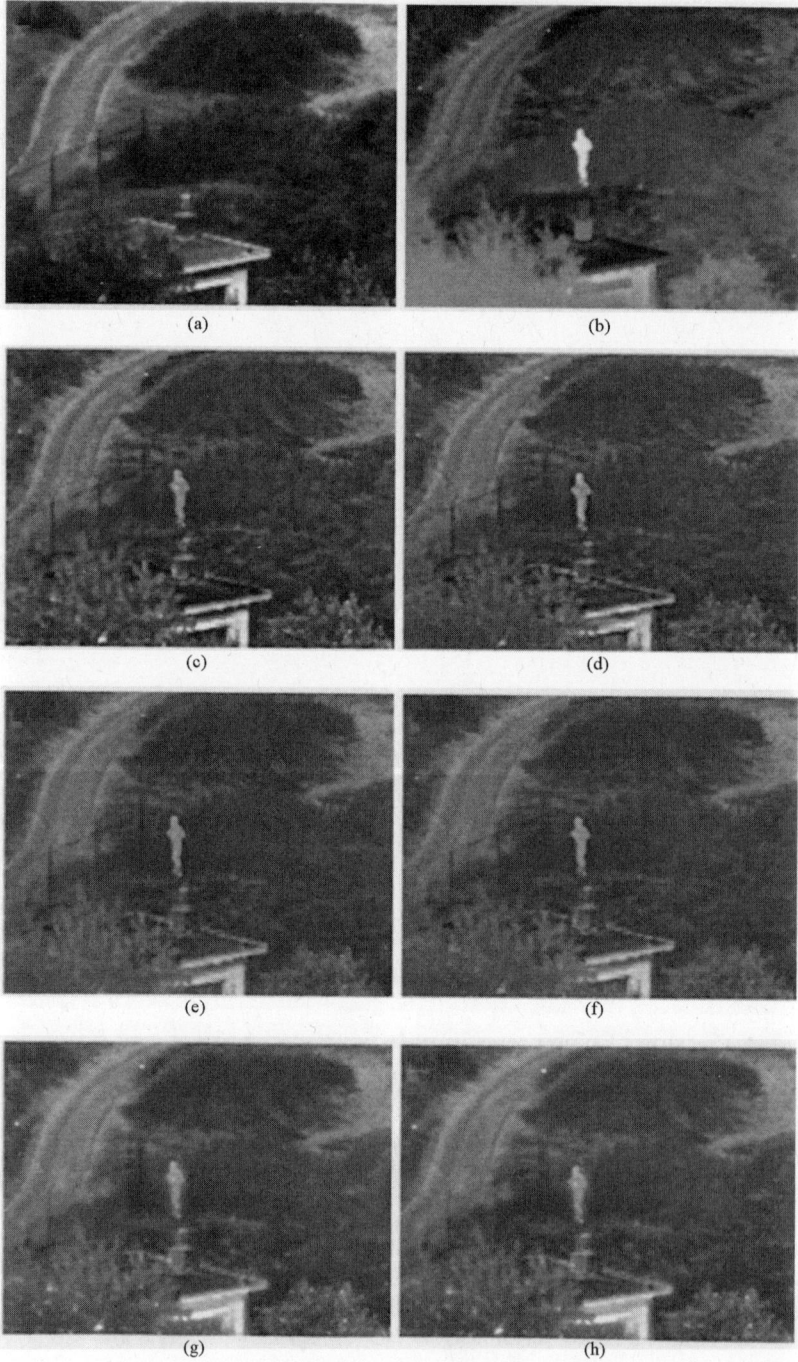

图 4.20　A 组营地图像融合算法的定性评价

(a)可见光图像；(b)红外图像；(c)对比度金字塔；(d)DWT；
(e)梯度金字塔；(f)FSD 金字塔；(g)拉普拉斯金字塔；(h)形态学金字塔。

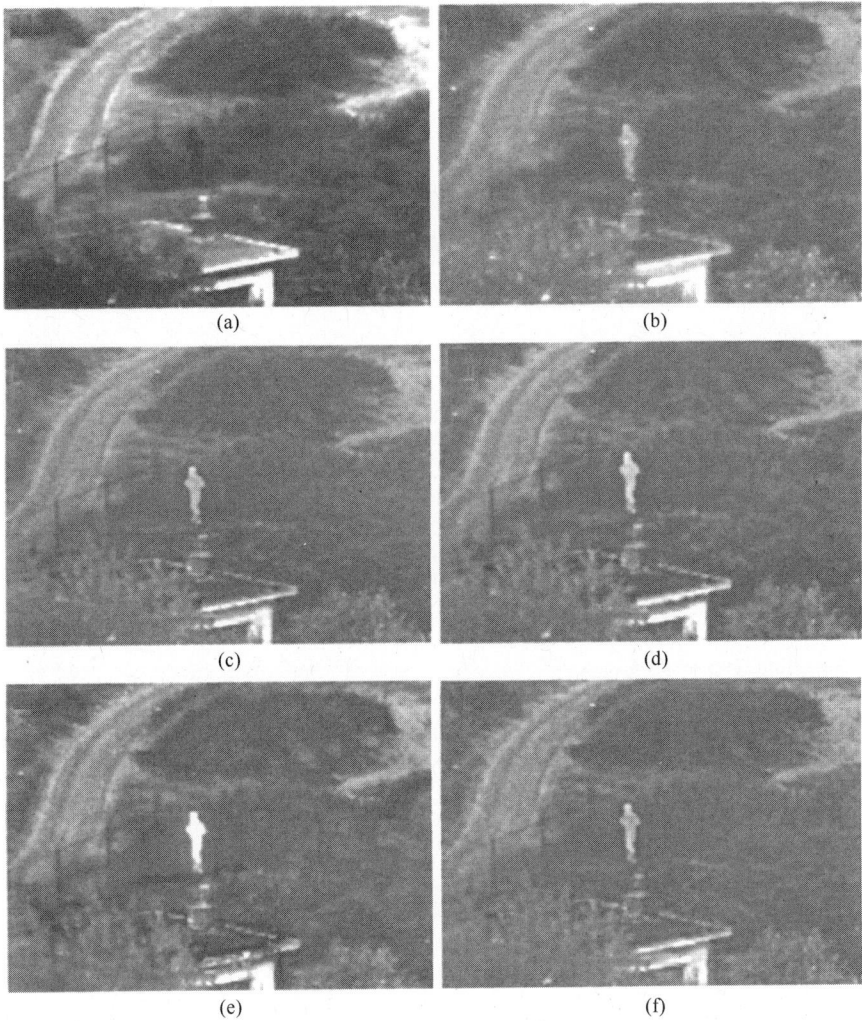

图 4.21　B 组营地图像融合算法的定性评价
（a）PCA 法；（b）比例金字塔；（c）SIDWT；（d）DWT 对象提取；（e）FuseG；（f）FuseLE。

根据 UI 可以看出 FuseLE 比其他方法提高了 0.3% ~ 18.3% 。但形态学金字塔在 MI 指标上优于其他融合方法,但也仅比 FuseGrA 提高了 0.07% ,比 FuseLE 提高了 0.5% 。

表 4.8　图像融合的定量评价

方法	OCE	MI	$Q^{AB/F}$	UI
对比度金字塔	1.3625	2.0295	0.4292	0.9210
DWT	1.5698	2.0215	0.3890	0.9354

方法	OCE	MI	$Q^{AB/F}$	UI
梯度金字塔	1.4534	2.0294	0.4081	0.9389
FSD 金字塔	1.4130	2.0248	0.3985	0.9329
拉普拉斯金字塔	1.4588	2.0262	0.4432	0.8937
形态学金字塔	1.5328	**2.2775**	0.4978	0.9463
PCA 法	1.2372	2.0216	0.3450	0.7755
比例金字塔	1.5534	2.0266	0.4345	0.9363
SIDWT	1.5618	2.0211	0.3538	0.9332
DWT/目标提取	1.5737	2.0267	0.5001	0.9490
Grafuse FuseG	**1.7786**	2.2751	**0.5544**	0.9419
Grafuse FuseLE	1.7666	2.2661	0.5235	**0.9499**

此外,本节还从 $Q^{AB/F}$ 和 UI 角度分析了 FuseGrA 方法在不同数量分解层下的效果。如图 4.22 所示,当分解层继续增大或等于 4 时,$Q^{AB/F}$ 和 UI 达到了饱和。

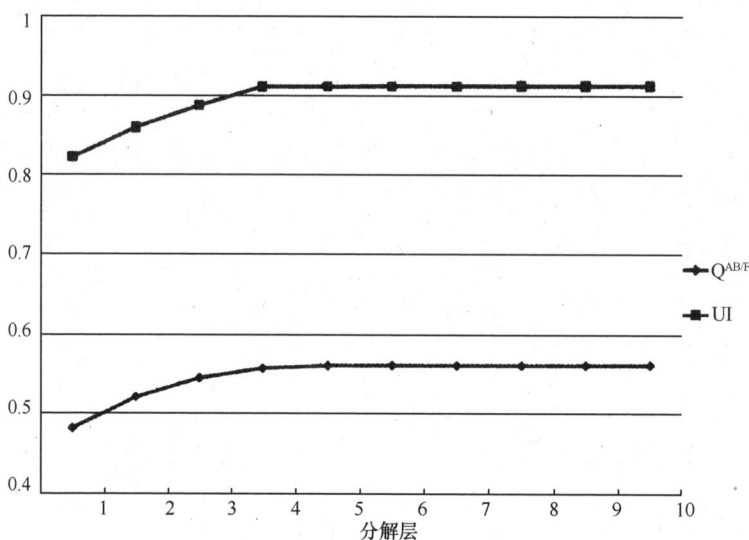

图 4.22　不同分解层下的融合质量效果

4.5　MIRF:多模图像配准与融合模块

图像融合算法的性能通常受算法性能和配准质量两个因素限制。融合质量主要依赖于配准质量,融合算法一般是在假设图像是预配准的基础上独立开发的,因此,融合的性能受也与算法性能息息相关。配准结果不准确,会导致融合质量差。此外,将配准和融合结合的优势还未被开发。利用配准与融合通用的过程(例如 DT-CWT),可减少计算量、执行时间并提高精度,具有补偿配准错误等优势。

文献中可以找到大量关于图像配准和图像融合算法。但很少有研究关注将两种算法结合的设计,没有利用两种算法间的依赖性和共同特征。因此我们选择"现成"的配准算法结合融合算法。Waterfall 公司提出了自适应的实时多模图像配准及融合算法[28]。此算法通过将图像分割为网格并找到独立匹配的方式进行简化,是一种基于穷举搜索的粗配准算法。当粗配准完成时,融合算法完成初始化,之后配准和融合结果自适应地进行优化。仿真结果表明:当初始平移量小于 12 像素时,MIRF 算法优于传统融合方法。需要注意的是,此算法的目标应用是电源、处理能力无约束的商业产品。

MIRF[6]旨在合并两幅或多幅未配准多模输入图像(例如可见光和红外)的所有信息,最后输出合成图像。MIRF 可将采集的场景图像较好地融合,并且所需内存最小化。产生的融合图像有助于后续的图像处理,例如目标跟踪、行为分析、威胁检测。

MIRF 流程如图 4.23 所示。首先通过颜色空间转换(RGB 到 HIS)提取可见光图像的灰度图(I_{vis}),保证可见光与红外源图像同属一个颜色空间。两幅源图像通过 DT-CWT 分解为 n 级,然后利用参考图像(可见光背景图)完成图像配准。之后利用简单背景阈值法提取目标,联合映射图由源图像中的独有目标和共有目标构成(见4.4节)。配准系数和联合映射图用于合成分解的融合图像,此图像经过 DT-CWT 逆变换并加入色相、饱和度。再通过 IHS 到 RGB 颜色空间变换便可获得最终的融合结果。

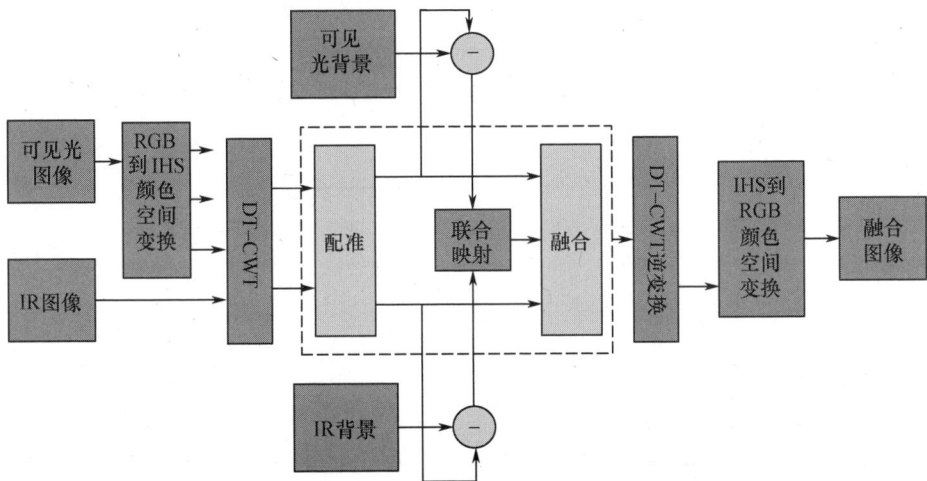

图 4.23　MIRF 框图

4.5.1 MIRF 性能评价

本节研究了配准精度对融合结果性能的影响,并提出了对配准细微误差有免疫作用的融合方法。在融合实验中,将 MIRF 与第 3 章 3.4.4 小节中所提的两种方法针对不同迭代次数进行对比[29,30]。如图 4.24 所示,在相同迭代次数时,MIRF 对系数误差修复的能力更强,但根据 $Q^{AB/F}$ 指标发现,当迭代次数高于 200 时,融合效果水平相当。当迭代次数为 100 时,另两种算法的融合效果更好。当迭代次数少时,另两种算法的收敛速度比 MIRF 慢。融合性能的稳定性与采用的融合规则有关。基于像素或窗口的方法也许会加剧配准的细微误差,但利用 MIRF 算法可以对配准误差免疫,这是 MIRF 最大的优势。

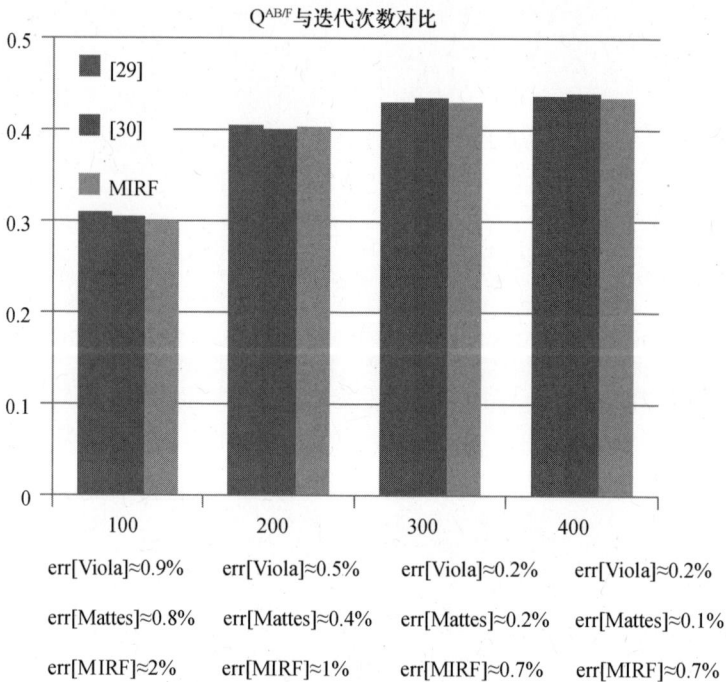

图 4.24　融合精度不同时配准参数误差修复对比

参 考 文 献

1. Z. Wang, "A comparative analysis of image fusion methods," *IEEE Transactions on Geoscience and Remote Sensing,* vol. 43, no. 6, pp. 1391–1402, June 2005.
2. X. Xiaorong, "A parallel fusion method of remote sensing image based on IHS transformation," in *Image and Signal Processing*, Shanghai, 2011.
3. K. Pramar, "A comparative analysis of multimodality medical image fusion methods," in *Modelling Symposium*, Bali, 2012.

4. H. E. Moustafa and S. Rehan, "Applying image fusion techniques for detection of hepatic lesions and acute intra-cerebral hemorrhage," in *Information and Communications Technology*, Cairo, 2006.

5. M. Ghantous, S. Ghosh and M. Bayoumi, "A gradient-based hybrid image fusion scheme using object extraction," in *IEEE International Conference on Image Processing*, San Diego, 2008.

6. M. Ghantous and M. Bayoumi, "MIRF: a multimodal image registration and fusion module based on DT-CWT," *Springer Journal of Signal Processing Systems*, vol. 71, no. 1, pp. 41–55, April 2013.

7. A. J. Richards, "Thematic mapping from multitemporal image data using the principle component analysis," *Elsevier Remote Sensing of Environment*, vol. 16, no. 1, pp. 26–36, January 1984.

8. J. Zeng, "Review of image fusion algorithms for unconstrained outdoor scenes," in *IEEE international conference on signal processing*, Beijing, 2006.

9. M. Metwalli, "Image fusion based on principal component analysis and high pass filter," in *Computer Engineering and systems*, Potsdam, 2009.

10. P. J. Burt and E. H. Adelson, "The laplacian pyramid as a compact image code," *IEEE Transactions on Communications*, vol. 31, pp. 532–540, 1983.

11. A. Toet, "Image fusion by a ratio of low-pass pyramid," *Pattern Recognition Letters*, vol. 9, pp. 245–253, 1989.

12. S. G. Mallat, "A theory for multiresolution signal decomposition: the wavelet representation," *IEEE Transaction on Pattern Analysis and Machine Intelligence*, vol. 11, no. 7, 1989.

13. O. Rockinger, "Image sequence fusion using a shift invariant wavelet transform," *IEEE Transactions on Image Processing*, vol. 3, pp. 288–291, 1997.

14. N. Kingsbury, "A dual-tree complex wavelet transform with improved orthogonality and symmetry properties," in *IEEE International Conference on Image Processing*, Vancouver, 2000.

15. P. J. Burt, "Segmentation and estimation of image region properties through cooperative hierarchical computation," *IEEE Transactions on Systems, Man, and Cybernetics*, vol. 9, no. 1, pp. 245–253, January 1998.

16. G. Piella, "A region based multiresolution image fusion algorithm," in *International Conference on Information Fusion*, Annapolis, 2002.

17. Z. Li, "A region based image fusion algorithm using multiresolution segmentation," in *IEEE Intelligent Transportation systems*, 2003.

18. N. Mitianoudis and T. Stathaki, "Pixel-based and region based image fusion schemes using ICA bases," *Journal Information Fusion*, vol. 8, no. 2, pp. 131–142, 2007.

19. N. Cvejic, J. Lewis, D. Bull and N. Canagarajah, "Adaptive region-based multimodal image fusion using ICA bases," in *Information Fusion*, Florence, 2006.

20. Z. Yingjie and G. Liling, "Region based image fusion using energy estimation," in *Software Engineering, Artificial Intelligence, Networking, and Parallel/Distributed Computing*, Qingdao, 2007.

21. R. T. Collins, A. J. Lipton, T. Kanade, H. Fujiyoshi, D. Duggins, Y. Tsin, D. Tolliver, N. Enomoto and O. Hasegawa, "A system for video surveillance and monitoring," Pittsburgh, 2000.

22. V. S. Petrovic and C. S. Xydeas, "Sensor noise effects on signal-level image fusion performance," *Information Fusion*, vol. 4, pp. 167–183, 2003.

23. G. Piella and H. Heijmans, "A new quality metric for image fusion," in *IEEE International Conference on Image Processing*, 2003.

24. Z. Wang and A. C. Bovik, "A universal image quality index," *IEEE Signal Processing Letters*, vol. 9, pp. 81–84, 2002.

25. Y. Wang and B. Lohmann, "Multisensor image fusion: concept, method and applications," Technical report, University of Bremen, 2000.

26. G. Qu, D. Zhang and P. Yan, "Information measure for performance of image fusion," *Electronic Letters*, vol. 38, no. 7, pp. 313–315, 2002.

27. C. S. Xydeas and V. Petrovic, "Objective image fusion performance measure," *Electronics Letters*, vol. 36, pp. 308–309, 2000.

28. J. P. Heather and M. I. Smith, "Multimodal image registration with applications to image fusion," in *International Conference on Information Fusion*, 2005.
29. P. Viola and W. Wells, "Alignment by maximization of mutual information," in *IEEE International Conference on Computer Vision*, 1995.
30. D. Mattes, D. R. Haynor, H. Vesselle, T. K. Lewellyn and W. Eubank, "Non-rigid multimodality image registration," in *SPIE Medical Imaging*, San Diego, 2001.

第5章　目　标　检　测

目标检测是计算机视觉应用的关键步骤,主要包括三维重建、压缩、医学成像、增强现实、图像检索和监控等应用。由于目标检测将输入图像分割为前景和背景,因此对于视觉监控传感器节点来说目标检测尤为重要。所有后续步骤只分析图像的前景部分并丢弃背景。本章综述了用于监控应用的主要方法,并重点介绍了背景差分法。同时,提出一种基于混合高斯模型的综合选择方案,记为HS-MoG。该方案对背景中存在杂波运动的户外场景能提供精确的目标检测结果,且比原始混合高斯模型计算量更少。

5.1　引　　言

本章解决图像处理的下一个步骤:目标检测。在计算机分析过程中,检测以及跟踪等后续步骤非常重要且非常困难,其结果的准确性对场景分析成功与否具有巨大影响[1]。为此,学者们一直致力于改善这些关键步骤的效果。

目标检测也称为图像分割或前景检测,目的是识别组成图像的区域或将图像分割成一系列有用的区域[2]。通常认为,检测是能将图像分解为重要目标和目标所处背景的一种方法[3]。检测的目标类型取决于具体应用。实际上,目标检测已经广泛应用于计算机视觉。它可用于人脸检测[4]、三维重建[5]、视频压缩[6]、医学成像[7]、增强现实、机器人[8]、基于内容的索引及检索[9]、视频监控[10]等领域。每一种应用都需要识别目标的种类,在监控系统中检测将图像分成两个主要类别:前景和背景。前景包括移动目标,例如人、汽车、机器等。背景为除前景外余下的部分,例如房间内部、走廊、高速公路、生产车间、森林等。一般认为背景是图像的静止部分。

本章对用于监控的主要检测算法进行综述。5.2节详细说明了目标检测的主要方法。同时总结了该领域的主要技术。此外,强调了资源有限的视觉传感器节点对于轻量级算法和结构的需求。检测算法应是可靠、自动化、轻量的,且能接收来自控制中心的反馈,以便在某些区域完成智能检测。针对视觉传感器节点,5.3节提出了基于HS-MoG的混合检测方法。此方案的精度与MoG相当,但大大减少了计算量。

5.2 目标检测方法

由于目标检测在视觉应用中具有广泛需求,因此备受关注。目标检测技术主要包括三种方法:光流法、时间差分法、背景差分法[11]。

光流法用移动目标的流向量识别图像中的前景。例如,文献[12]的思想是计算位移向量来初始化所跟踪目标的轮廓。此技术通常应用于移动摄像头中。然而光流法计算复杂,无法用于无特制硬件的实时应用中[13]。

时间差分法需要减去两个或两个以上的连续帧,然后通过阈值来识别移动目标[14]。其基本思想是:目标随时间改变位置,而背景通常是静止的。换句话说,帧与帧间的背景像素灰度值几乎恒定,前景像素的灰度值则是变化的。因此当逐帧提取目标时,可将灰度值变化剧烈的像素判定为移动前景。这种技术对动态环境具有自适应性,且算法可靠性强。然而时间差分法具有孔径问题。当目标静止或缓慢移动时,它无法提取所有相关目标的像素。

背景差分法是具有固定相机的监控系统中最常见的方法。一般会定期保存和更新背景图像或参考图像。它表示图像中背景的估计。将每一帧与背景图像比较,将背景的当前帧中变化显著的像素分为前景[15]。该方法对环境中的动态变化敏感,但在提取目标特征上效果非常好,因此非常适合应用于第四代监控系统。为了克服算法对场景中动态变化的敏感性,我们提出了不同的背景建模和前景检测方法,在后续章节会详细说明。

背景差分法的步骤包括用于增强图像的预处理、背景建模、前景检测、数据验证,如图 5.1 所示[16]。

预处理是可选步骤,可改善后续过程中的图像质量。预处理包括利用时间和/或空间平滑减少摄像头噪声和瞬时环境噪声,例如户外摄像机拍到的雨水。减少帧尺寸和帧频也能加速实时处理。在摄像头移动

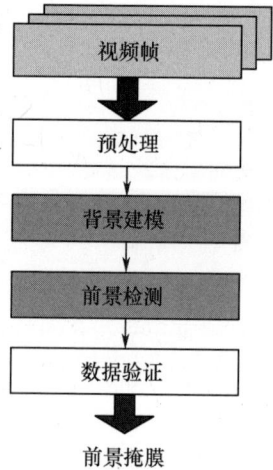

图 5.1 背景提取步骤

或采用多摄像头时,需要在连续帧间或不同摄像机间进行图像配准。背景建模包括建立背景模型并且对其持续更新,以便在环境变化的情况下避免检测误差。这是保证检测准确度的关键步骤之一。实际上,背景建模有许多不同方法,这与具体应用有关。因此,检测方案随着监控场景类型变化而变化:光照条件好的室内环境,易受局部光照变化(例如阴影、高光)和全局光照变化(例如太阳是否被云覆盖)影响的户外环境[17],甚至具有更多变化且背景具有杂波运动的森林[18]。前景检测将当前帧与背景模型比较,可识别出前景像素,也就是那些与背景像素比变换显著的像素。阈值差分技术可用于检验输入像素是否与相应的

背景像素有显著差别。最后,数据验证可消除与实际移动目标不对应的像素,并输出最终前景图像。用于前景图像的形态滤波器可提高目标检测的质量。例如,形态滤波器可消除孤立的前景像素,合并附近分离的前景区域。然后,利用连通分量分析(CCA)识别所有连通的前景区域[19],并消除那些面积很小、不对应实际移动目标的区域。

5.2.1 节和 5.2.2 节详细介绍了用于目标检测的不同背景建模方式及前景检测技术。这些步骤是影响背景差分准确度的决定性因素。5.2.3 节总结了主要的目标检测方法,并强调了应用于基于视觉传感器节点的监控系统对轻量级检测方案的需求。

5.2.1 背景建模

背景建模方法既包括针对室内应用的保持单一背景状态估计的简单方法,也包括复杂的、针对户外应用的全密度估计方法。尤其在户外场景中,后者能提供更准确的目标检测结果,但算法复杂性增加,对内存需求增大。

需要根据环境和场景选择背景建模方法。监控光照良好的室内场景比多变的户外场景要简单得多。由于光照变化大并且背景中包含杂波运动(例如摇动的树和海浪),在户外场景(例如森林)中进行目标检测需要克服以下问题。

(1)光照和天气变化。尤其对于户外监控来说,场景缓慢或突然变化均可导致检测错误。在这种情况下,当前帧的背景像素会与背景图像像素显著不同,因此可以划分出前景区域。

(2)由于摄像头振荡或高频背景目标产生的运动变化,例如树上运动的叶子或海浪。在检测过程中有可能把这一部分认为是前景,但实际上它们是背景的一部分。

(3)阴影或伪装情况,即目标颜色与背景颜色接近。从背景中很难区分目标,导致错误的负检测误差和正检测误差。

(4)资源限制问题。对于无法忽略算法复杂度和内存需求的视觉传感器节点来说,在解决上述问题的同时也不能忽略算法的复杂性及内存需求。

单帧差法(Single Frame Difference,FD)是最简单的背景差分技术。t 时刻的背景模型是前帧图像,即 $t-1$ 时刻的图像。令 I_t 和 B_t 分别表示 t 时刻的当前帧和背景,$I_t(x,y)$ 是位置 (x,y) 处的像素。每个像素的背景值 $B_t(x,y)$ 见式(5.1)所示,即

$$B_t(x,y) = I_{t-1}(x,y) \tag{5.1}$$

由于定义背景模型不涉及任何数学运算,因此该过程完成时间短,速度快。此外,该方法对内存的需求低,仅需保存前一帧图像。该方法高度适应场景变化,适合用于动态环境的检测。然而 FD 具有孔径问题。因为它仅使用前一帧图像,尤其是当目标缓慢移动时,FD 算法无法提取颜色一致的移动物体内部像素。因此,FD 应与其他算法结合使用,以便克服孔径问题。例如,基于智能视觉

监控系统项目(the Intelligent Vision – based Surveillance System, IVSS)利用 FD 检测移动目标[20],然后通过 Gabor 滤波器提取特征,对检测到的移动目标进行验证,并利用支持向量机(Support Vector Machine, SVM)将目标分类。

中值滤波器(Mediam Filter, MF)是另一种广泛应用的简单方法[21]。它保留前 n 帧图像缓存。在每个新帧处,将背景作为缓冲区中所有帧的中值进行计算,计算方法见式(5.2),即

$$Bt(x,y) = \tilde{I}(x,y) = \text{median}\{I_{t-n}(x,y), I_{t-n+1}(x,y), \cdots, I_{t-1}(x,y)\} \quad (5.2)$$

这种方法比较快,但所需内存大,因为需要缓冲 n 个帧才能获得较好的背景近似值。与前面提到的算法一样,MF 不适合某些场景的统计描述(例如摇摆的树),也不能更新差分阈值[22]。近似中值滤波器(Approximated Mediam Filter, AMF)估计中值时不需要保存大型缓冲区[23]。如果输入像素比估计大,中值的连续估计则增加一个,如果小于估计,中值的连续估计则减少一个。最终,将估计收敛于一个中值。AMF 适合室内应用,也可用于城市交通监测。当背景有较大变化时,AMF 的适应性缓慢。背景中的错误需要很长时间才能得到修复。

平滑均值滤波器(Running Average Filter, RAF)是一种使用系数加权和背景像素选择更新的方法,只需保存一帧,因此内存需求低。该方法一般将背景作为第一帧,背景不包含目标。之后用阈值 $Th(x,y)$ 更新其余帧,计算方法见式(5.3)及式(5.4),即

$$Bt(x,y) = \begin{cases} \alpha B_{t-1}(x,y) + (1-\alpha)I_{t-1}(x,y) & \text{如果像素不移动} \\ B_{t-1}(x,y) & \text{如果像素移动} \end{cases} \quad (5.3)$$

$$Th_t(x,y) = \begin{cases} \alpha Th_{t-1}(x,y) + (1-\alpha)(5 \times |I_{t-1}(x,y) - B_{t-1}(x,y)|) & \text{如果像素不移动} \\ Th_{t-1}(x,y) & \text{如果像素移动} \end{cases}$$

$$(5.4)$$

式中:α 为反映适应速率的时间常数。视频监控和监控工程(VSAM)用三个帧实现时间差分,可确定合理运动区域,并可利用 RAF 补充目标内部像素[24]。RAF 快速、高效且内存需求低,整个算法只需 4 帧。

然而这些简单的估计算法在变化多的场景中检测效果并不好。若考虑这些场景变化,每个背景像素要用概率密度函数(PDF)建模。每个概率密度函数用两个值来描述,均值 $\mu(x,y)$ 和标准差 $\sigma(x,y)$。对每个新帧用无线脉冲响应滤波器(IIR)更新背景像素相应的均值和标准差[25],即

$$\mu_t(x,y) = \alpha \times I_{t-1}(x,y) + (1-\alpha) \times \mu_{t-1}(x,y) \quad (5.5)$$

$$\sigma_t(x,y) = \alpha(I_{t-1}(x,y) - \mu_{t-1}(x,y)) + (1-\alpha) \times \sigma_{t-1}(x,y) \quad (5.6)$$

这种方法的优点是速度快、内存需求低。每个像素只保存概率密度函数的均值和标准偏差;换句话说,就是保存灰度图像的两帧。如果背景分布中像素值变化,仍会将这个像素看作背景。对于灰度图像或多元颜色空间来说,还存在一

些演变方法。例如，PFinder 用基于颜色和形状特征的统计模型[25]实现目标检测。对于复杂的户外场景，则需要其他统计模型。

在训练阶段，W^4 系统(谁？在哪里？什么时间？干什么？)使用由背景值次序统计构成的双峰分布。背景模型保留每个像素的三个学习参数:最小灰度值 $I_{min}(x,y)$、最大灰度值 $I_{max}(x,y)$ 和连续帧间的最大灰度差 $d(x,y)$[26]。获得初始背景需两步。首先对缓冲区中的帧用 MF 从动态像素中区分出静态像素，静态像素满足式(5.7)，即

$$|I_t(x,y) - \tilde{I}(x,y)| > 2\sigma(x,y) \qquad (5.7)$$

然后根据静态像素建立背景模型。需要注意的是，$I(x,y)$ 和 $\sigma(x,y)$ 表示缓冲区中图像在 (x,y) 位置的灰度中值和标准差。如果满足式(5.8)，则 $I_t(x,y)$ 属于前景像素，即

$$(I_t(x,y) - I_{min}(x,y)) > kd \wedge (I_t(x,y) - I_{max}(x,y)) > kd \qquad (5.8)$$

式中：k 通常取 0.8；$I_{min}(x,y)$、$I_{max}(x,y)$、d 分别为最大帧间图像绝对差的最小值、最大值和均值。之后再利用基于像素的方法或基于目标的方法更新背景。在目标跟踪期间可根据动态建立的变化映射图完成决策。动态映射图包括检测支持图、运动支持图、历史变化图。W^4 实际上是一种将检测和跟踪结合在一起的实例。由于 W^4 为所有前景和背景像素分别计算背景模型，因此初始阶段对内存需求较高，需要利用 n 个帧计算初始背景。但是背景更新和前景检测对于当前帧(包括动态图)中每个像素都需要 6 个参数，并且 3FD 需要两个参数。Nascimento 和 Marques 利用类似阈值差的方法区分前景像素[27]，计算方法见式(5.9)，即

$$(|I_t(x,y) < I_{min}(x,y)| \vee |I_t(x,y)| > I_{max}(x,y)|) \wedge \|I_t(x,y) < I_{t-1}(x,y)| > kd| \qquad (5.9)$$

Stauffer 提出的 MoG[28]是非常适合户外场景监控系统的方法。这是因为 MoG 适应性强并且能处理多模背景[29-31]。MoG 对每个像素保持一个概率密度函数(PDF)，可容纳或覆盖单个像素位置的值，因此允许在背景模型的相同场景中包含不同形态的背景。每个位于 $X = (x,y)$ 的像素仿照 K 阶重高斯分布获得，计算方法见式(5.10)，即

$$f_t(X) = \sum_{k=1}^{K} w_{t,k} \times \eta(X; \mu_{t,k}, \sigma_{t,k}) \qquad (5.10)$$

式中：$\eta(X; \mu_{t,k}, \sigma_{t,k}))$ 为 k 阶高斯分布；$w_{t,k}$ 为 t 范围内 k 分布可表示相关性的权值或概率；$\mu_{t,k}$ 和 $\sigma_{t,k}$ 为对应分布的均值和标准差，决定了哪个分布属于背景。将不属于背景分布的像素看作前景[28]。K 的范围通常设为 3~5，因此会导致中间过程内存需求高，匹配、排序和更新所有分布使得计算量增大。

Knight 方案利用梯度和颜色的统计模型将像素分为前景和背景[32]。与 MoG 相似，Knight 集合了根据像素颜色分布得到的所有前景区域像素[28]，然后检验这些像素前景梯度的边界，保留那些边界重叠的像素。实际上，除了 MoG

对内存的需求外,算法还需保留每个像素的梯度信息以及区域映射图,因此Knight方案的内存需求非常高。

Prismatica利用运动估计(Motion Estimation,ME)、背景估计和FD[33]实现目标检测。此方法通过全局搜索模块匹配(Full Search Block Matching,FSBM)算法计算运动向量。与移动目标不相符的向量受到抑制。判断像素是否属于目标,还需根据自适应背景估计和帧间像素的像素差获得额外信息。如果像素与相应背景像素的亮度对比明显,则认为该像素属于前景;否则,将其运动向量设置为0。保留$l=25$层的背景历史数组$H_{64\times64\times25}$。每个元素包括一个背景灰度估计值和发生计数器。顶层的值最有可能属于背景。用相似度量比较所有背景历史数组中的候选背景模块,并决定哪些数据需要更新。由于此算法需计算每个候选背景模块的相似度量,因此复杂度高、内存需求大。

特征背景(Eigen Background,EB)是探索空间相关性的另一种技术[34]。EB为两个阶段:学习和分类。在学习阶段对n个图像求平均并求差的均值。将协方差矩阵和最好的m个特征向量存储在特征向量矩阵中。在分类阶段将图像投影到特征空间,然后再投影到图像空间。从原图像中减去这些背景图像,即可获得前景图像。尽管训练阶段的内存需求非常大,与样本数成正比,但分类阶段的内存需求则小很多。

5.2.2 前景检测

一旦定义了背景模型,下一步就是识别前景像素。可通过比较当前帧和背景模型或者根据二值差值图完成。阈值法可将图像转化为二值图像:0值对应背景像素;1值对应前景像素[35]。通过这个过程可以将目标从背景中分辨出来。阈值法的种类很多,有些是简单且计算高效的方法,有些虽然更复杂但算法稳定性更好[36]。

另一种简单且常用的前景检测方法是单阈值法。这种方法由于操作简便,应用非常广泛[1]。例如,将当前帧中(x,y)处的输入像素$I_t(x,y)$与其对应的背景估计$B_t(x,y)$的差与阈值Th比较,如果差大于Th,则认为像素属于前景,计算方法见式(5.11),即

$$|I_t(x,y)-B_t(x,y)|>Th \qquad (5.11)$$

另一种常用方法是基于图像归一化统计的阈值,计算方法见式(5.12),即

$$\frac{|I_t(x,y)-B_t(x,y)-\mu_d|}{\sigma_d}>Th \qquad (5.12)$$

式中:μ_d和σ_d为$I_t(x,y)-B_t(x,y)$的均值和标准差。一般通过一定量实验数据或基于图像统计学的方法确定阈值。摄像噪声、场景类型和光照[37]均会影响阈值的选择。因此一般根据经验或通过自适应计算设定阈值。有的前景检测方法将某个阈值作为整幅图像的全局阈值。有的方法则利用不同阈值将图像分为不同子区域,每个子区域的光照情况相近[1]。例如,对比度小的区域可选择数值

较小的阈值。需要注意的是,第一帧中的阈值需要估计,其余帧的阈值随时间调整。为了增强黑暗区域(例如阴影)的对比度,有的前景检测方法用相对差代替绝对差,但在明亮的户外场景中一般不用相对差。

另一种前景检测方法引入了空间变量,其利用滞后阈值或双阈值以及区域生长获得前景图像[38]。滞后阈值是噪声环境下的一种有效技术。通过保留弱前景像素而获得的连通区域,具有较少间断点、洞、裂纹。滞后阈值最初用于Canny 边缘检测[39,40],如今也广泛应用于各种目标检测中,例如古代手稿保存[41]、地震故障检测[42]、医学影像分析[43,44],以及监控系统[45]。其思想是将当前像素、对应背景像素之差 diff 与两个阈值 Th_{low} 和 Th_{high} 比较,计算方法见式(5.13),即

$$It(x,y) = \begin{cases} 前景(强) & 如果 diff > Th_{\text{high}} \\ 背景 & 如果 diff < Th_{\text{low}} \\ 候选(弱) & 否则 \end{cases} \quad (5.13)$$

差可以表示相对差或绝对差。若 diff 小于阈值 Th_{low},则认为对应的像素属于强背景,在前景检测中将此像素舍弃。若 diff 大于阈值 Th_{high},则认为该像素属于强前景。其余像素作为候选像素或弱像素需进行另外的连通性检测。如果弱像素直接与前景连通或通过路径与前景连通,则认为该弱像素属于前景,否则认为该弱像素属于背景。最后得到二值图像。

尽管滞后阈值在噪声环境下的前景检测性能较好,但在资源有限的平台上还无法准确处理连续图像。由于检测过程需要不断迭代,在流硬件上的实时操作非常有限,因此在嵌入式平台上不使用滞后阈值法实现前景检测[46,47]。目前尚无利用标记[48]或基于队列的方法[49,50]应用于前景检测过程。当前几乎所有准确的检测方法都要缓冲整幅图像以及图像像素的多通道。更多检测方法将在第 7 章进行详细介绍,并提出解决滞后阈值问题的方法。而基于滞后阈值的前景检测仍有待进一步研究,以便提高检测的准确度。

5.2.3　结论

表 5.1 比较了 5.2.1 节中提到的不同检测方法,主要比较检测方法的内存需求、速度以及检测准确度。

表 5.1　监控系统检测方法比较

参考文献	方法	速度	内存	准确度
[14]	FD(帧差法)	最快	低	低
[21]	MF(中值滤波)	快	高	中等
[23]	AMF(近似中值滤波)	快	低	低/中等
[24]	VSAM(视频监控和监控工程)	快	低	中等

参考文献	方法	速度	内存	准确度
[26]	双峰分布	中等	中等	高
[28]	MoG（高斯混合）	中等	中等	高
[32]	梯度和颜色的统计模型	中等	高	高
[33]	ME（运动估计），FD 和背景估计	低	高	高
[34]	EB（特征背景）	中等	中等	高

用于 4GSS 的背景建模方法必须保证在光照变化和背景运动（例如摇晃的树枝）时有效，并且还要能处理多模场景。由于 MoG 能表示多模背景图像，目前已广泛应用于目标检测[51]。复杂场景中会出现紧密相邻的移动背景目标，如摇动的树。虽然 MoG 能提供良好的检测结果，但计算量大，不适合资源约束的实时智能摄像节点。研究人员应致力于开发与 MoG 检测准确度相当但计算量较少的方法。5.3 节提出了一种计算量更少且具有鲁棒性的混合检测方法。

第 7 章将详细说明前景检测的问题，特别是滞后阈值的问题。

5.3　HS-MoG：基于高斯选择的混合方法

本节提出了基于 MoG 选择的混合方法，记为 HS-MoG[52]。这种方法对户外场景中的高频变化具有鲁棒性，检测准确度与 MoG 相当，但由于增加了选择过程，因此所需计算量更少。HS-MoG 更适合资源有限的应用。HS-MoG 的主要优点可总结为：

（1）快速，利用混合选择背景建模方法，计算量比 MoG 更少[28]。其思想是将计算限制在特殊区域或运动区域中。因为与整个图像相比，这些区域要小得多，从而简化了像素匹配、系数更新和排序的计算量。简化量与运动区域占整体图像的比例成正比。HS-MoG 与 MoG 相比，速度至少提高了 60%。

（2）利用滞后阈值并关注最可能属于前景的像素，检测准确度优于 MoG。选择性 MoG 减少了将背景像素分为前景像素的可能性。滞后阈值使目标连通性更好，可改善灰度图像的反馈，增加了目标跟踪的成功率[53]。

如图 5.2 所示，HS-MoG 可分为三步：首先计算非静态区域或包含运动的场景部分；然后经过选择匹配和更新来确定背景分布；最后利用滞后阈值完成前景检测。这三个步骤将在后续章节中详细说明。

5.3.1　检测运动区域

第一步是计算运动区域（Region of Motion，RoM）。该区域包括当前图像中移动物体的所有像素。利用 FD 可获得场景中变化部分的边界。若当前帧像素

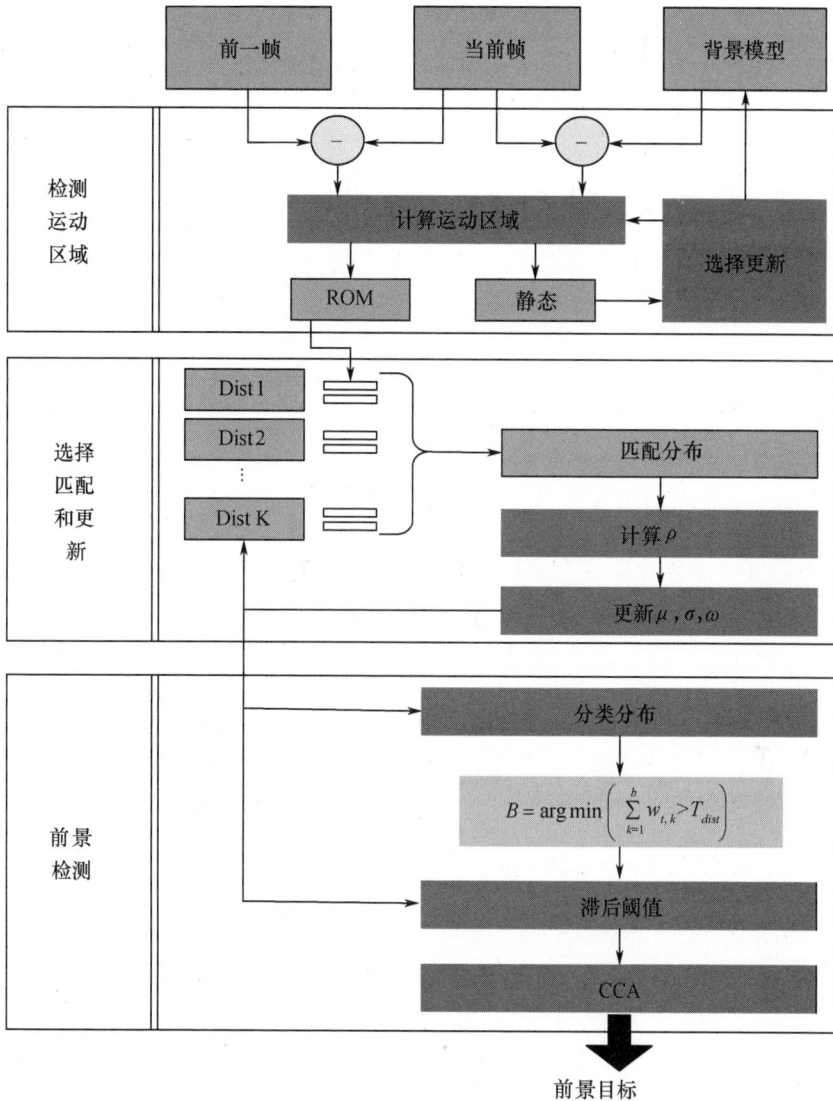

图 5.2　整体 HS-MoG 检测算法

$I_t(x,y)$ 与前一帧像素的差大于阈值 Th_{RoM}，则认为该像素属于 RoM，计算方法见式(5.14)，即

$$|I_t(x,y) - I_{t-1}(x,y)| > Th_{t-1,RoM}(x,y) \qquad (5.14)$$

　　尽管 3FD 不易受噪声影响，能获得较好的检测结果。但对于初步分类来说，简单的 FD 就足够了。FD 引入的噪声会在后续的检测阶段进行修正。FD 对动态变化敏感且仅需保留一个前帧。然而 FD 不能检测出所有目标的内部像素，如果目标在某帧处停止移动，FD 也无法检测出目标，因此还需其他的背景差分法检测出运动区域。在提出的 HS-MoG 算法中，保留简单的背景像素 $B_t(x,$

y),并在每一帧选择性更新背景像素。

如果当前帧的像素值与前一帧背景像素的差大于阈值 Th_{RoM},则认为该像素属于运动区域,计算方法见式(5.15),即

$$|I_t(x,y) - B_{t-1}(x,y)| > Th_{t-1,RoM}(x,y) \qquad (5.15)$$

首先假设场景中没有目标,将背景设为第一帧。通过实验或观察图像的特征(如 Niblack 法[54]),设置初始阈值 $Th_{0,RoM}$,计算方法见式(5.16),即

$$Th_{0,RoM}(x,y) = m(x,y) + c \times s(x,y) \qquad (5.16)$$

式中:$m(x,y)$ 和 $s(x,y)$ 分别表示给定局部区域的均值和标准差,将该区域大小设为足够小,有助于保留局部细节,设为足够大则可以抑制噪声;c 定义有多少目标边界属于给定目标。由于算法在训练阶段修正每个像素阈值,因此也可将整个图像看作一个区域。在每个新帧里用非移动像素更新 $B_t(x,y)$ 和 $Th_{t,RoM}(x,y)$,计算方法见式(5.17)及式(5.18),即

$$B_t(x,y) = \alpha_1 B_{t-1}(x,y) + (1 - \alpha_1) I_t(x,y) \qquad (5.17)$$

$$Th_{t,RoM}(x,y) = \alpha_1 Th_{t-1,RoM}(x,y) + (1 - \alpha_1)(5 \times |I_t(x,y) - B_{t-1}(x,y)|) \qquad (5.18)$$

式中:α_1 为取值在 0 和 1 之间的时间常量,反映了适应率或者逐帧地将场景变化合并到背景中的快速性。

需要注意的是,该算法允许在某些特殊情况下将其他预先设定的像素添加到运动区域。例如操作员认为有必要对某些特定区域中的像素跟踪的情况。因此,即使式(5.14)和式(5.15)已经判定这些像素是非移动的,算法仍会将边界区域的坐标反馈回节点,并请求重点关注这些像素。

最终检测的运动区域通常包括相关的移动目标、不相关的移动目标,如摇摆的树枝。最终应该仅保留相关的移动目标。因此,下一个步骤是执行选择性MoG,保留全部相关的目标运动区域。

5.3.2　选择匹配和更新

将 $X = (x,y)$ 处的像素 $I_t(x,y)$ 建模为 K 高斯分布的权值组合[28],计算方法见式(5.19)及式(5.20),即

$$f_t(X) = \sum_{k=1}^{K} w_{t,k} \eta(X; \mu_{t,k}, \sigma_{t,k}) \qquad (5.19)$$

$$\eta(X; \mu_{t,k}, \sigma_{t,k}) = \frac{1}{\sigma_{t,k}\sqrt{2\pi}} e^{-\frac{(X - \mu_{t,k})^2}{2\sigma_{t,k}^2}} \qquad (5.20)$$

式中:$\eta(X; \mu_{t,k}, \sigma_{t,k})$ 为第 k 个正态分布;$\mu_{t,k}$ 和 $\sigma_{t,k}$ 分别为对应分布的均值和标准差分。

混合背景的分布表示相同位置观测到灰度值或颜色变化的概率,因此不同分布对应着不同的背景。权值 $W_{t,k}$ 表示颜色在场景内维持的时间比例。K 是分

布个数,范围为 3 ~ 5。通常每个像素保存 3 个高斯分布,其中:表示多模背景至少需要两个分布;表示前景目标需要一个分布。增加分布数量能在一定程度上改善性能,但同时会增加内存需求和计算量。虽然 K 的值可增至 7,但数量超过 5 后,算法性能改善不多。该算法依据的基本思想是:背景比前景的可见概率更大,且背景变化相对较小。因此,每个混合高斯的持久性和变化性决定哪个分布可与背景颜色对应。将不符合背景分布的像素看作前景,除非存在包含一致性证据的高斯分布[28]。

每一帧都需要完成上述选择步骤,之后进一步检验运动区域中的像素并更新像素对应的分布系数。如果像素 $I_t(x, y)$ 属于运动区域,则检查对应分布中的元素是否适合。最佳匹配表示分布的均值不仅最接近 $I_t(x, y)$ 并且分布足够相似。d_k 表示当前像素灰度 $I_t(x, y)$ 和第 k 个分布均值 $\mu_{t-1,k}$ 间的马哈拉诺比斯距离,其中 $k = 1:K$,马哈拉诺比斯距离的定义为式(5.21),即

$$\exists \eta_{match}(X; \mu_{t-1,k}, \sigma_{t-1,k}) 使得$$
$$d_{t,match} = \min \left[d_1 \cdots d_k \right] 和 d_{match} < \lambda \qquad (5.21)$$

对于灰度图像,λ 通常取值为 2.5。这意味着几乎 98.76% 的值属于该分布[55]。如果存在匹配,则会预先检测到该位置当前的颜色,并且必须调整相应的分布。更新匹配成分的均值和标准差按式(5.22)、式(5.23)、式(5.24)所示的方式更新,即

$$\mu_{t,match} = (1 - \rho_t) \mu_{t-1,match} + \rho_t I_t(x, y) \qquad (5.22)$$
$$\alpha_{t,match}^2 = (1 - \rho_t) \sigma_{t-1,match}^2 + \rho_t (I_t(x, y) - \mu_{t,match})^2 \qquad (5.23)$$
$$\rho_t = \alpha / w_{t-1,match} \qquad (5.24)$$

式中:ρ_t 和 α 为学习速率。$1/\alpha$ 则表示决定参数变化速度的时间常数。式(5.24)中的 ρ_t 的近似值比文献[17]中使用的值更快且更具逻辑性[16]。需要注意的是,利用方差改善距离计算、匹配比较以及分布排序的计算方式,可避免开方运算,这有助于改善执行速度。按式(5.25)和式(5.26)所示方法更新所有的分布权值,即

$$w_{t,k} = (1 - \alpha) w_{t-1,k} + \alpha M_{t,k} \qquad (5.25)$$
$$M_{t,k} = \begin{cases} 1 & 如果 k = match \\ 0 & 否则 \end{cases} \qquad (5.26)$$

如果没有找到匹配值,则用分布平均的 $I_t(x, y)$ 值、较大方差和较小权值替换分布中具有最小权值的元素。其余分布的均值和方差不变,但根据式(5.25)减小分布权值,以实现指数衰减。

5.3.3 前景检测

对于每个像素的所有元素都根据 $w_{t,k}/\sigma_{t,k}$ 的值排序,排序靠前的元素归类为背景。因为 $w_{t,k}/\sigma_{t,k}$ 的值越高,其对应的权值越大,方差越小,意味着具有更

多显著成分。将第一个 B 分布作为背景分布,计算方法见式(5.27),即

$$B = \arg\min_b \left(\sum_{k=1}^b w_{t,k} > Th_{\text{dist}} \right) \qquad (5.27)$$

式中:Th_{dist} 在 0 到 1 之间取值,它表示数据属于背景的最小概率。如果 Th_{dist} 的值很小,则大多数分布作为前景,有一个分布对应背景。与单高斯相同,这种方法收敛于单模系统,由于光照变化,仅能处理背景方差。如果 Th_{dist} 的值很大,则将大部分的分布看作背景,因此目标很快会变为背景的一部分。Th_{dist} 取值 0.6 左右,可根据场景类型有所改变,例如场景中有很多移动目标、几乎没有目标以及背景存在大量杂波运动的情况。

下一步是将当前像素与背景分布比较,如果像素与背景分布匹配,则将其归类为背景,否则归类为前景像素。Power 和 Schoonees 建议在搜寻匹配时用滞后阈值代替简单的匹配方法[54]。该匹配方法可概括为:如果当前像素值和背景分布均值 $\mu_{t,k}$ 的距离 d_k 小于 Th_{low},其中 $k=1:b$,则该像素一定属于背景。如果距离大于 Th_{high},则该像素一定属于前景;否则该像素属于候选前景像素或弱候选像素,即

$$I_t(x,y) = \begin{cases} 前景 & 如果 d_k > Th_{\text{high}} \\ 背景 & 如果 d_k < Th_{\text{low}} \\ 候选 & 否则 \end{cases} \qquad (5.28)$$

对候选像素还需连通性检查区分出前景和背景。如果候选像素与前景像素是 8 连通,则认为属于前景,否则属于背景。

在获得前景图像后,利用形态学操作(例如膨胀和腐蚀)可改善目标检测的质量。然后利用 CCA 删除小目标、合并临近目标,最后用不同数字标记 CCA 处理后的最终目标。

5.3.4 仿真结果

利用参考文献 Wallflower Paper[22]、PETS 2006[56] 和拉斐特路易斯安那大学提供的视频,验证 HS-MoG 算法的有效性和可靠性。

首先在 MATLAB 上实现目标检测,然后与常用的检测方法对比。常用检测方法包括 3 帧差分法、中值滤波法、平滑均值滤波法、单高斯法和混合高斯法。用文献[22]中的 3 组视频序列完成算法的定量分析,其中帧数分别为 247、481、251 帧的"摇摆的树"、"前景空洞"和"伪装",每帧像素为 160×120。之所以选择这 3 个序列,是因为它们应用广泛,并且这些序列可以人为计算地面真实目标或手动分割图像。这 3 个序列分别代表了背景建模时不同的场景问题:"摇摆的树"是一组多模背景视频,描绘人在随风摇摆的树间穿行。图 5.3 为第一组视频的目标检测结果。图 5.3(a)~(h)分别表示使用 3FD、MF、RAF、单高斯、Stauffer MoG 以及 HS-MoG 算法的检测结果。

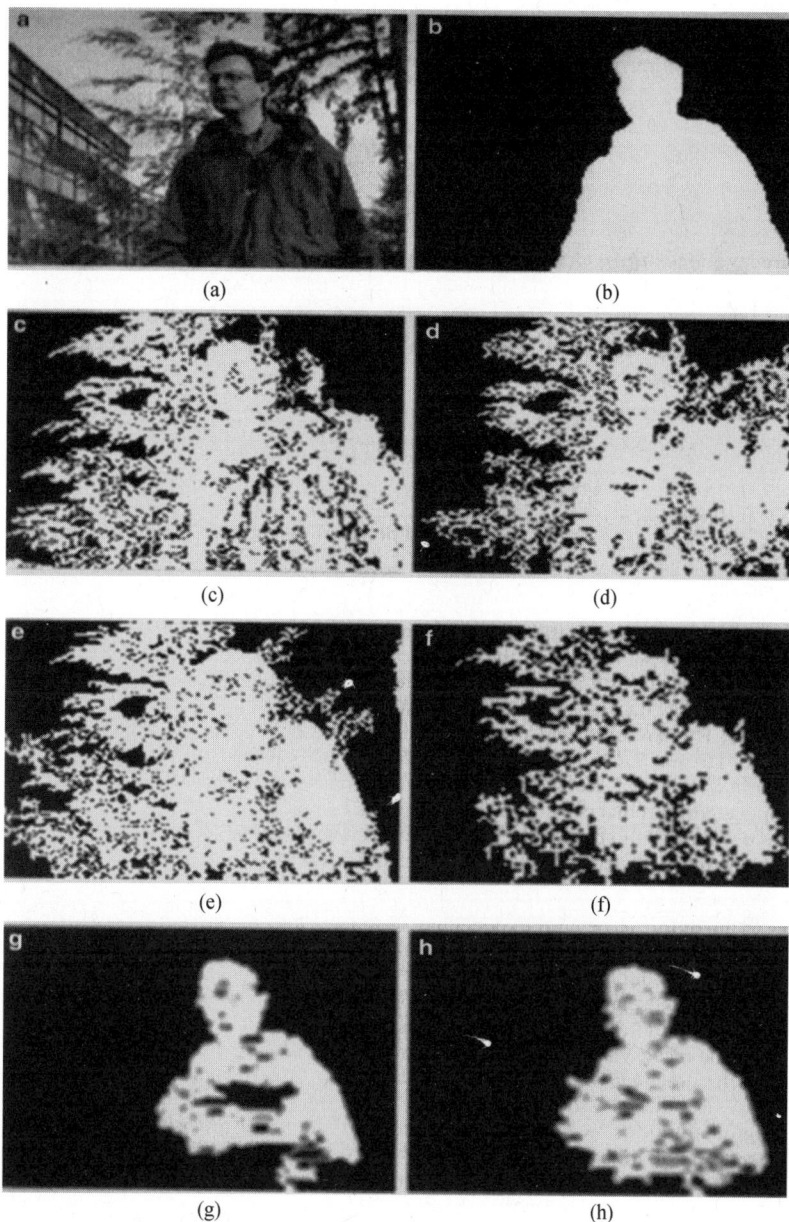

图 5.3 "摇摆的树"序列检测结果

(a)所选的帧；(b)地面实况；(c)使用 3FD 的结果；(d)使用 MF 的结果；

(e)使用 RAF 的结果；(f)使用单高斯模型的结果；(g)使用 MoG 的结果；

(h)使用 HS−MoG 的结果。

所有算法都采用相同的预处理/形态学操作。HS−MoG 算法中的参数设置为：$Th_{0,RoM} = 0.025$，$K = 4$，$\alpha_1 = 0.9$，$v_{0,k} = 0.09$，$\alpha = 0.005$，$Th_{dist} = 0.7$，$Th_{low} = 2$，

$Th_{high} = 3$。所提方法在性能上优于其他检测方法,并且能有效处理"摇动的树"和具有光照变化的场景。目标检测图像中的洞是处理舍弃了颜色信息的灰度图像时产生的。利用文献[16]中的查全率、查准率对算法进行比较。查全率反映算法正确识别前景像素的数量占地面实况中前景像素的比例,如式(5.29)所示。查准率反映算法正确识别前景像素的数量与算法检测出前景数量的比例,如式(5.30)所示。

$$查全率 = \frac{\sum 通过算法正确检测的前景}{\sum 地面实况中的前景} \qquad (5.29)$$

$$查准率 = \frac{\sum 通过算法检测的正确前景}{\sum 通过算法检测的前景} \qquad (5.30)$$

表5.2总结了不同算法对"摇摆的树"视频的检测结果。虚警(False Alarm, FA)表示将背景像素误测为前景像素的数量与算法检测到的所有前景像素之比。漏警(Detection Failure,DF)表示丢失前景像素。查全率、查准率、虚警、漏警的数值范围均在0~1之间。查全率和查准率的值越高,表明检测结果越好。虚警和漏警的值越小,表明检测错误越少。在许多情况下,系统设计者更青睐于简单的算法(例如3FD具有简洁、快速和低内存需求的优点),因为更易于在摄像头终端实现,并且算法是动态的,不会在移动目标后留下痕迹,也可在后续操作中修复检测误差。MF算法简单,具有较好的检测效果,但内存需求大。RAF方法具有指数加权和选择更新背景像素的优点,尽管检测效果略有下降,但仍是首选的目标检测方法。所有处理单模背景的目标检测方法面临的问题都是无法把小的、重复的背景运动区域结合到背景模型中,而单高斯甚至无法处理背景中的颜色变化。尽管这些方法的查全率很高,但若与MoG对比可发现其查准率非常低。产生这种现象的原因在于这些算法可以检测出大部分的前景目标,但同时也会将大量背景目标检测为前景。漏警指标也体现了这个问题。这意味着这些方法将相关和不相关的目标的检测为前景,但没有将移动目标从移动背景中识别出来。

表5.2 "摇摆的树"序列的定量比较

	查全率	查准率	虚警	漏警
3 FD	0.8270	0.4481	0.1730	0.5519
Median	0.8856	0.5009	0.1144	0.4991
RAF	0.8808	0.4474	0.1192	0.5226
SG	0.7124	0.5750	0.2876	0.4250
MoG	0.6101	0.9658	0.3899	0.0342
HS-MoG	0.7414	0.9561	0.2586	0.0439

反之,高斯模型可提供背景模型的统计描述,并能从实际移动目标中区分"摇摆的树"。但 MoG 的问题是计算量大,因此有必要开发计算量更小、速度更快且检测效果更好的新方法。利用选择性 MoG 和滞后阈值,提高了目标检测的准确度:此方法关注最有可能属于前景的像素,由于滞后阈值保存弱前景像素,因此降低了将背景像素检测为前景的可能性。如图 5.4 给出了 3 组 wallflower 序列的查全率和查准率,验证 HS-MoG 算法的检测准确率不亚于 MoG 算法。

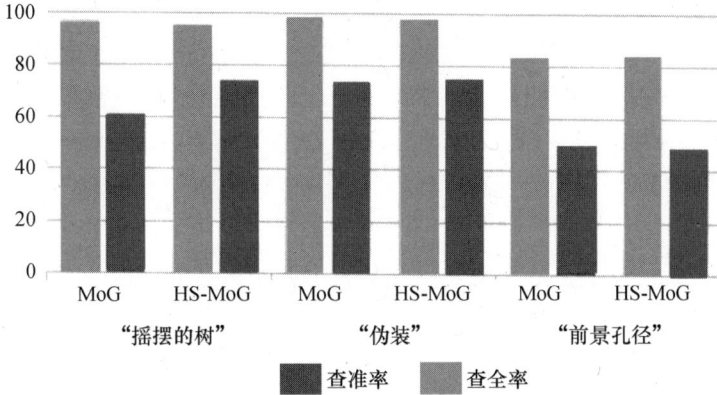

图 5.4　原始 MoG 和 HS-MoG 的查全率和查准率的比较

用 C 语言实现多模视频序列的目标检测,实验证明 HS-MoG 算法的执行速度超过 MoG。实验中用到台式计算机的 GCC 编译器(AMD Athlon 64 X2 4400 + 2.2Ghz 双核处理器、3.2GB 内存)运行 Fedora 10 操作系统。如图 5.5 为 MoG 和 HS-MoG 算法的执行时间,从图 5.5 中可看出针对"摇摆的树"视频序列,采用 HS-MoG 算法速度至少提高了 60%,对于其他视频序列速度提高的幅度更大。利用 HS-MoG 算法使目标检测过程的执行时间平均节省约了 28.4%。

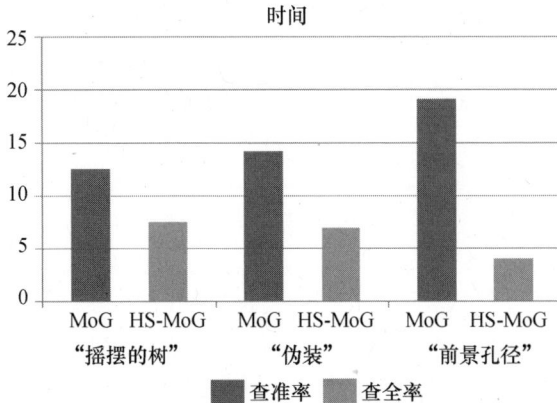

图 5.5　MoG 和 HS-MoG 执行时间的比较

参 考 文 献

1. R. C. Gonzales and R. E. Woods, Digital image processing, New Jersey: Prentice-Hall, Inc., 2002.
2. L. G. Shapiro and G. G. Stockman, Computer Vision, 1 ed., New Jersey: Prentice Hall, 2001.
3. D. A. Forsyth and J. Ponce, Computer vision: a modern approach, New Jersey: Prentice Hall, Inc., 2003.
4. M.-H. Yang, D. J. Kriegman and N. Ahuja, "Detecting faces in images: A survey," *IEEE Transactions on Pattern Analysis and Machine Intelligence*, vol. 24, no. 1, pp. 34–58, 2002.
5. M. Brown and D. G. Lowe, "Unsupervised 3D object recognition and reconstruction in unordered datasets," in *International Conference on 3-D Digital Imaging and Modeling*, Ottawa, 2005.
6. B. U. Töreyin, A. E. Çetin, A. Aksay and M. B. Akhan, "Moving object detection in wavelet compressed video," *Signal Processing: Image Communication*, vol. 20, no. 3, pp. 255–264, 2005.
7. T. Behrens, K. Rohr and H. S. Stiehl, "Robust segmentation of tubular structures in 3-D medical images by parametric object detection and tracking," *IEEE Transactions on Systems, Man and Cibernatics*, vol. 33, no. 4, pp. 554–561, 2003.
8. S. Gould, P. Baumstarck, M. Quigley, A. Y. Ng and D. Koller, "Integrating visual and range data for robotic object detection," in *Workshop on Multi-camera and Multi-modal Sensor Fusion Algorithms and Applications*, Marseille, 2008.
9. C. H. Lampert, "Detecting objects in large image collections and videos by efficient subimage retrieval," in *IEEE International Conference on Computer Vision*, Kyoto, 2009.
10. I. Cohen and G. Medioni, "Detecting and tracking moving objects for video surveillance," in *IEEE Proceedings Computer Vision and Pattern Recognition*, Fort Collins, 1999.
11. L. Wang, W. Hu and T. Tan, "Recent developments in human motion analysis," *Pattern recognition*, vol. 36, no. 3, pp. 585–601, March 2003.
12. D. Meyer, J. Denzler and H. Niemann, "Model based extraction of articulated objects in image sequences for gait analysis," in *Proceedings of the IEEE International Conference on Image Processing*, Washington, DC, 1997.
13. W. Hu, T. Tan, L. Wang and S. Maybank, "A survey on visual surveillance of object motion and behaviors," *IEEE Transactions on Systems, Man, and Cybernetics - Part C: Applications and Reviews*, vol. 34, no. 3, pp. 334–352, 2004.
14. C. Wang and M. S. Brandstein, "A hybrid real-time face tracking system," in *Proceedings of the International Conference on Acoustics, Speech, and Signal Processing*, Seattle, 1998.
15. A. M. McIvor, "Background subtraction techniques," in *Image and Vision Computing New Zealand*, Hamilton, 2000.
16. S. S. Cheung and C. Kamath, "Robust techniques for background subtraction in urban traffic video," *Proceedings SPIE*, 2004.
17. D. Rowe, "Towards robust multiple-tracking in unconstrained human-populated environments," Barcelona, 2008.
18. M. Valera and S. A. Velastin, "Intelligent Distributed Surveillance Systems: A Review," *IEEE Proceedings Vision, Image and Signal Processing*, vol. 152, no. 2, pp. 192–204, April 2005.
19. K. Suzuki, I. Horib and N. Sugi, "Linear-time connected-component labeling based on sequential local operations," *Computer Vision and Image Understanding*, vol. 89, no. 1, pp. 1–23, January 2003.
20. Y. Xiaojing, S. Zehang, Y. Varol and G. Bebis, "A distributed visual surveillance system," in *IEEE Conference on Advanced Video and Signal Based Surveillance*, Miami, 2003.
21. B. P. L. Lo and S. A. Velastin, "Automatic congestion detection system for underground platforms," in *International Symposium on Intelligent Multimedia, Video and Speech Processing*, 2000.
22. M. Piccardi, "Background subtraction techniques: a review," in *IEEE International Conference on Systems, Man and Cybernetics*, The Hague, 2004.
23. N. McFarlane and C. Schoeld, "Segmentation and tracking of piglets in images,"

Machine Vision and Applications, vol. 8, no. 3, pp. 187–193, May 1995.

24. R. T. Collins, A. J. Lipton, T. Kanade, H. Fujiyoshi, D. Duggins, Y. Tsin, D. Tolliver, N. Enomoto and O. Hasegawa, "A system for video surveillance and monitoring," Pittsburgh, 2000.

25. C. Wren, A. Azrbayejani, T. Darrell and A. P. Pentland, "Pfinder: Real-time tracking of the human body," *IEEE Transactions on Pattern Analysis and Machine Intelligence,* vol. 19, no. 7, pp. 780–785, July 1997.

26. I. Haritaoglu, D. Harwood and L. S. Davis, "W4: real-time surveillance of people and their activities," *IEEE Transactions on Pattern Analysis and Machine Intelligence,* vol. 22, no. 8, pp. 809–830, August 2000.

27. J. C. Nascimento and J. S. Marques, "Performance Evaluation of Object Detection Algorithms for video Surveillance," *IEEE Transactions on Multimedia,* vol. 8, no. 4, pp. 761–774, August 2006.

28. C. Stauffer and W. E. Grimson, "Adaptive background mixture models for real time tracking," in *IEEE Computer Society Conference on Computer Vision and Pattern Recognition,* Ft. Collins, 1999.

29. P. Remagnino and G. A. Jones, "Classifying surveillance events from attributes and behaviour," in *British Machine Vision Conference,* Manchester, 2001.

30. Y. L. Tian, M. Lu and A. Hampapur, "Robust and efficient foreground analysis for real-time video surveillance," in *IEEE Computer Society Conference on Computer Vision and Pattern Recognition,* San Diego, 2005.

31. Y. Tian, L. Brown, A. Hampapur, M. Lu, A. Senior and C. Shu, "IBM smart surveillance system (S3): event based video surveillance system with an open and extensible framework," *Springer Journal on Machine Vision and Applications, Special Issue Paper,* vol. 19, no. 5–6, pp. 315–327, 2008.

32. M. Shah, O. Javed and K. Shafique, "Automated visual surveillance in realistic scenarios," *IEEE Multimedia,* vol. 14, no. 1, pp. 30–39, January 2007.

33. S. A. Velastin, B. A. Boghossian, B. P. Lo, J. Sun and M. A. Vicencio-Silva, "PRISMATICA: toward ambient intelligence in public transport environments," *IEEE Transactions on Systems and Cybernetics-Part A: Systems and Humans,* vol. 35, no. 1, pp. 164–182, January 2005.

34. N. M. Oliver, B. Rosario and A. P. Pentland, "A Bayesian computer vision system for modeling human interactions," *IEEE Transactions on Pattern Analysis and Machine Intelligence,* vol. 22, no. 8, pp. 831–843, 2000.

35. R. Jain, R. Kasturi and G. B. Schunk, Machine vision, McGrawhill Int. Editions, 1995.

36. P. L. Rosin and E. Ioannidis, "Evaluation of global image thresholding for change detection," *Pattern Recognition Letters,* vol. 24, no. 14, pp. 2345–2356, October 2003.

37. S. Y. Elhanian, K. M. ElSayed and S. H. Ahmed, "Moving object detection in spatial domain using background removal techniques - state-of-art". Patent 1874–4796, 2008.

38. R. Cucchiara, C. Grana, M. Piccardi and A. Prati, "Detecting moving objects, ghosts and shadows in video streams," *IEEE Transactions on Pattern Analysis and Machine Intelligence,* vol. 25, no. 10, pp. 1337–1342, 2003.

39. J. Canny, "A computational approach to edge detection," *IEEE Transactions on Pattern Analysis and Machine Intelligence,* vol. 8, no. 6, pp. 679–698, November 1986.

40. P. Meer and B. Georgescu, "Edge detection with embedded confidence," *IEEE Transactions on Pattern Analysis and Machine Intelligence,* vol. 23, no. 12, pp. 1351–1365, December 2001.

41. R. Estrada and C. Tomasi, "Manuscript bleed-through removal via hysteresis thresholding," in *International Conference on Document Analysis and Recognition,* Barcelona, 2009.

42. W. K. Jeong, R. Whitaker and M. Dobin, "Interactive 3D seismic fault detection on the graphics hardware," in *International Workshop on Volume Graphics,* 2006.

43. A. Niemisto, V. Dunmire, I. Yli-Harja, W. Zhang and I. Shmulevich, "Robust quantification of in vitro angiogenesis though image analysis," *IEEE Transactions on Medical Imaging,* vol. 24, no. 4, pp. 549–553, April 2005.

44. S. H. Chang, D. S. Shim, L. Gong and X. Hu, "Small retinal blood vessel tracking using an adaptive filter," *Journal of Imaging Science and Technology,* vol. 53, no. 2, pp. 020507–020511, March 2009.

45. T. Boult, R. Micheals, X. Gao and M. Eckmann, "Into the woods: visual surveillance of

non-cooperative camouflaged targets in complex outdoor settings," *Proceedings of the IEEE*, vol. 89, no. 10, pp. 1382–1402, October 2001.

46. C. Folkers and W. Ertel, "High performance real-time vision for mobile robots on the GPU," in *International Workshop on Robot Vision, in conjunction with VISAPP*, Barcelona, 2007.

47. Y. Roodt, W. Visser and W. Clarke, "Image processing on the GPU: Implementing the Canny edge detection algorithm," in *International Symposium of the Pattern Recognition Association of South Africa*, 2007.

48. A. Trost and B. Zajc, "Design of real-time edge detection circuits on multi-FPGA prototyping system," in *International Conference on Electrical and Electronics Engineering*, 1999.

49. A. M. McIvor, "Edge recognition using image-processing hardware," in *Alvey Vision Conference*, 1989.

50. H. S. Neoh and A. Hazanchuk, "Adaptive edge detection for real-time video processing using FPGAs," in *Global Signal Processing*, 2004.

51. T. Bouwmans, F. E. Baf and B. Vachon, "Background subtraction using mixture of Gaussians for foreground detection - a survey," *Recent Patents on Computer Science*, vol. 1, no. 3, pp. 219–237, 2008.

52. M. A. Najjar, S. Ghosh and M. Bayoumi, "A hybrid adaptive scheme based on selective Gaussian modeling for real-time object detection," in *IEEE Symposium Circuits and Systems*, Taipei, 2009.

53. M. A. Najjar, S. Ghosh and M. Bayoumi, "Robust object tracking using correspondence voting for smart surveillance visual sensing nodes," in *IEEE International Conference on Image Processing*, Cairo, 2009.

54. G. Leedham, C. Yan, K. Takru, J. Tan and L. Mian, "Comparison of some thresholding algorithms for text/background segmentation in difficult document images," in *IEEE Conference on Document Analysis and Recognition*, 2003.

55. J. Wood, "Statistical background models with shadow detection for video based tracking," 2007.

56. June 2006. [Online]. Available: http://www.cvg.rdg.ac.uk/PETS2006/data.html.

第 6 章　目 标 跟 踪

目标跟踪是计算机视觉研究的一个热点问题,在视频检索、医学治疗、交互游戏和监控系统中均有应用。跟踪和检测在监控系统中非常重要,它们的准确性制约了后期场景分析的效果。本章综述了目标跟踪的主要方法,其中自顶向下的方法主要包括滤波和数据关联,而自底向上的方法则包括目标表示和目标定位。本章也提出了基于非线性相似表决的自底向上一致匹配方法(Bottom-Up Matching scheme base on Nonlinear Voting),简记为 BuM-NLV。该方法不仅继承了自底向上方法计算量小的优势,并且能够对遮挡和分割错误具有鲁棒性。

6.1　引　　言

本章介绍视觉传感器节点执行的最后步骤:目标跟踪。目标跟踪的目的是通过关联连续帧中相同的目标,确定前景目标随时间如何运动[1]。目标跟踪在安全监控[2]、视频压缩[3]、药物治疗和智能楼宇[4]、视频检索和标注[5]、交通管理[6]、体感游戏及其他人机交互[7]等一些应用中至关重要。

前面在第 5 章回顾了目标检测的主要技术,在监控系统中目标检测对于目标跟踪至关重要。在帧序列中检测到前景图像后,目标跟踪算法分析这些图像并输出视频帧中运动目标的位置。一旦获得目标的特征和轨迹信息,便将这些信息发送到控制中心网络,进行更高级别的处理,例如目标识别和活动分析。分布处理、传输部分有价值的数据,而非传输完整图像,可减少系统的通信负担。

实际上,目标检测和跟踪息息相关,通常对二者一同研究[8]。目标检测至少与目标跟踪初始化有关,跟踪需要与检测目标暂时保持一致,并随时间不断修正分割错误。这两个步骤非常关键,因为检测与跟踪的准确性对后续场景分析的效果会产生巨大影响。在 4GSS 中,这些算法应该是可靠、自动、计算量小,对遮挡具有鲁棒性,并能获得控制中心的反馈,实现智能检测和跟踪。

本章对目标跟踪进行概述,本章的结构安排如下:6.2 节首先回顾主要的目标跟踪方法(自顶向下和自底向上),然后总结了监控系统中应用的检测与跟踪技术,该监控系统(特别对于 4GSS 来说)需要计算量较小的跟踪方法;6.3 节提出一种简单的基于相似表决的自底向上技术,该技术无需场景目标有关的先验知识。仿真结果表明 BuM-NLV 对于遮挡和分割错误具有较好的鲁棒性。

6.2　目标跟踪方法

目标跟踪是计算机视觉中一个重要且富有挑战的项目。在过去的几十年中,学者们提出了大量解决目标跟踪问题的方法。目标跟踪算法包含以下两种分类方式。

第一种分类方式将算法分为基于区域、基于活度轮廓、基于特征和基于模型跟踪的四种方法[9]。第一种方法根据图像区域或模块的变化跟踪目标[10],一般通过当前帧减去动态背景模型的方式提取目标区域。第二种方法通过表示目标轮廓并不断更新轮廓的方式实现目标跟踪[11]。第三种方法提取更高级的目标特征实现目标跟踪。特征可以是全局[12]、局部[13]或者依赖图的[14]。最后一种方法是通过先验知识产生的投影目标模型与图像数据匹配的方式实现目标跟踪。由于目标包括刚体或非刚体(如人体),因此存在不同的模型。目标建模可分为柱状图[16]、二维轮廓[17]和立体模型[18]。这四种方法并不是绝对的,有时不同类型的算法也会结合在一起使用[19]。

另一种更具逻辑性的算法分类方式是基于信息流[8]。跟踪通常遵循自底向上或自顶向下的方法[20]。自底向上法也称为目标表示和定位。这类方法首先将图像分割为目标和背景,并用一系列特征表示目标,然后识别出目标在视频序列中的位置。这类方法简单、计算复杂度低,适用于资源有限平台。然而当出现目标部分或全部遮挡的情况,这类方法不如自顶向下方法跟踪效果可靠。自顶向下法称为滤波和数据关联,需要目标模型和场景的先验知识才能估计出随时间变化的目标位置。这便需要离线动态建模和后验状态预测。根据文献[8],自底向上技术"根据图像处理结果产生假设",自顶向下技术"根据当前图像数据指定假设"。滤波和数据关联通常计算量较大,但对遮挡情况具有更好的鲁棒性。然而自顶向下法在图像具有噪声、复杂或漂浮的目标以及目标运动情况下的目标跟踪效果仍有待提高。

这两类算法仍需保证场景光照变化、背景中存在杂波运动时的目标跟踪效果,并满足实时处理需求[21]。6.3 节和 6.4 节分别阐述自顶向下和自底向上方法,并指出二者的缺点。

6.2.1　滤波和数据关联

给定前一帧的先验知识(如目标的特征和位置)后,滤波和数据关联可估计新一帧中移动目标的位置[20]。估计过程需要获得离线的目标形状或外观、动态建模以及后验状态预测[8]。

利用卡尔曼滤波器(Kalman Filter,KF)或某种扩展卡尔曼滤波器实现滤波。KF 是关于线性函数和高斯噪声的一种递归贝叶斯滤波器,它根据动态模型预测下一帧的目标位置,并根据观测值更新目标位置[22]。为了理解贝叶斯滤波器的基本思想,假设一个跟踪过程动态模型的状态空间方程[20],将 t 时刻帧内某一目标的状态向量定义为 $X_t = [x_{CM,t}, y_{CM,t}]$,其中 $x_{CM,t}, y_{CM,t}$ 表示目标中心的位置。$x_{CM,t}$ 可能包含目标相关的其他信息,例如速度、加速度、目标尺寸特征。每个目标都有对应的状态序列 $\{X_t\}_{t=0,1,\cdots}$。通过更新目标的状态向量,可推导出状态序列,计算方法见式(6.1),即

$$X_t = f_t(X_{t-1}, v_t) \tag{6.1}$$

式中:v_t 为噪声序列。t 时刻的观测值或测量值 z_t 通常是此时的视频帧。测量值 $\{z_t\}_{t=1\cdots}$ 与对应状态有关,计算方法见式(6.2),即

$$z_t = h_t(X_t, n_t) \tag{6.2}$$

式中:n_t 为噪声序列。

f 和 h 是非线性、时变的向量函数。根据所有前期测量值 $z_{1:t}$ 估计 X_t。这相当于构造概率密度函数 $P(X_t | z_{1:t})$,求解过程分为两步。

(1)预测:根据动态方程和已经求出的 $t-1$ 时刻状态的概率密度函数 $P(X_{t-1} | z_{1:t-1})$,提取当前状态的先验概率密度函数 $P(X_t | z_{1:t-1})$。

(2)更新:利用当前测量值的似然函数 $P(X_t | z_{1:t-1})$ 计算后验概率密度函数 $P(X_t | z_{1:t-1})$。

在线性函数和高斯噪声的情况下,KF 能提供最好的结果。但 KF 不能处理多目标和测量。在具有多目标的杂乱环境中,需要额外的数据校验和关联。可采用的方法包括最近邻域(Nearest Neighbor,NN)和数据关联滤波器(Data Association Filter,DAF)[23]。最近邻域根据空间距离临近度关联连续帧内的目标。联合概率数据关联滤波器(Joint Probability Data Association Filter,JPDAF)计算场景内所有目标匹配概率的联合概率[24]。此方法遵循互斥原则,即通过计算联合概率避免两个或多个目标与相同目标匹配。多重假设滤波器(Multiple Hypotlese Filter,MHF)计算给定目标产生的某个测量序列概率来求解多重匹配情况[25]。

对于非线性函数,可使用扩展卡尔曼滤波器(Extended Kalman Filter,EKF)。EKF 用泰勒级数展开对转移量和似然量进行线性化。即使模型是非线性,但应该是可微的。后验密度仍用高斯建模,同时需要计算雅可比值。VSAM 映射利用 EKF 支持多重假设[26]。VSAM 预测目标未来的位置,然后根据相关性完成匹配,最后在更新目标跟踪模型和排除虚警前完成分离和合并。

对于非线性函数使用无损卡尔曼滤波器(Unscented Karlman Filter,UKF),即选择均值附近的一组确定的样本点并对这些样本进行繁殖[27]。UKF 在估计均值、协方差方面比 EKF 更好,并且无需复杂的雅可比计算。然而 UKF 不能用于一般的非高斯分布。

当状态空间是离散且包含有限个状态量时,可用隐马尔可夫模型(Hidden

Markov Models,HMM)滤波器预测和跟踪目标轨迹[28]。虽然 HMM 不需要假设任何模型和噪声类型,但需要离线训练数据。

　　粒子滤波器(Particle Filter,PF)是一种通用贝叶斯滤波,它用于处理非线性动态模型、测量函数以及非高斯噪声。PF 是基于蒙特卡罗积分法的一种通用滤波器,经过验证,蒙特卡罗积分法是渐进校正的。然而为了保持一定的跟踪精度,即使这些样本只针对一个目标保持多重假设,PF 仍然需要样本总数的相关信息。若将所有目标信息与每个样本结合,会破坏维数[29]。

　　总之,上述方法比下面要阐述的自底向上方法可靠性更强。但是这些算法包含大量的矩阵计算,硬件成本高。因此对于实时监控来说,更倾向选择具有较低计算复杂度的跟踪算法,特别是将更多资源通常分配给后续的分析步骤的算法[20]。此外,上述方法在没有足够场景或目标信息以及当模型随时间变化时无法跟踪目标。自底向上法具有低计算复杂度的优点,因此适用于嵌入式平台。对于目标检测过程产生的检测误差或噪声,自底向上法的鲁棒性较低,对误差和噪声敏感。这就需要额外的处理过程解决遮挡和其他跟踪问题[30]。需要解决的问题包含:当目标以相当快的帧频快速移动时,将目标位置与连续视频帧关联的问题;目标之间或目标与背景之间存在部分或全部遮挡的问题;目标分离与合并的问题。

6.2.2　目标表示和定位

　　自底向上法根据目标外观不同,需逐帧跟踪目标。此类方法基于运动分割,即将运动目标从背景中分离[31]。该过程一般通过以下步骤实现目标与不同帧的关联。首先分割帧,用以识别帧内的运动目标(目标检测)。每个目标都用一定模型或一定特征(特征提取)表示。通过随时间匹配目标特征(目标匹配)实现目标跟踪。为了加快计算速度,可利用状态滤波器或在特定区域内进行有限搜索。如图 6.1 总结了自底向上方法的基本流程。

　　目标表示包括运动目标检测和特征提取。如第 5 章所述,背景差分法是将图像分割为背景和前景的一种用于监控的常用方法[32]。一旦获得前景图像,通过标记和连通分量分析获得目标模块/区域,每个模块被认为是一个目标。形态学操作用于改善所获目标模块的质量。为了实现目标分类和跟踪,接下来需要提取目标对应特征,用特征表示目标。根据应用需求,存在不同类型的目标特征,不管是跟踪刚体目标或非刚体目标还是一般目标或特定类型,例如车、人或面部。对于一般目标类型,特征可以是全局的,例如质心、周长、面积、颜色直方图以及纹理,也可以是局部特征,例如线段、曲线段、角顶点,还可以是关系图,例如特征间的各种距离和几何关系[9]。除了关系图,其余特征均比较简单,允许多目标的实时跟踪,但是无法处理好遮挡问题。有时特征组合是区分目标的首选方法。此时,在方法中增加目标运动和表决能较好地处理遮挡问题[33]。

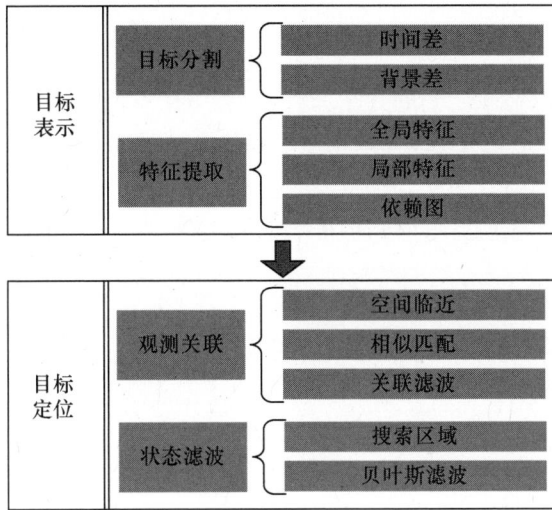

图 6.1　自底向上方法的基本步骤

在前一帧和当前帧完成目标表示后,执行目标定位。通过当前帧目标与前一帧目标匹配的方式,可以确定目标在新一帧或当前帧的位置。通常根据空间距离和/或目标外观相似性/模板匹配实现观测值关联[8],也就是最大化似然函数,最小化距离度量[20]。目前使用的关联方法基于最近邻域和数据关联滤波器(DAF)。在最近邻域中,将目标与下一帧中最近的目标匹配。当存在多目标时,可利用 6.2.1 节提到的联合数据关联滤波完成目标匹配。

有时为了提高跟踪成功率和处理遮挡情况,还需增加预测阶段。例如,目标预测可能会用到 KF 或运动补偿。使用 KF 需要清晰的轨迹模型,在复杂场景中很难定义、概括清晰的轨迹,而恢复丢失的目标困难更大,也会增加算法复杂性[33]。

此外还可以利用基于最近邻域、形状特征和运动估计的目标表决来逐帧匹配目标,此过程可参考 Amer 的研究[33]。此方法可简化计算过程并提高算法执行速度,适用于实时跟踪的应用。为了处理多遮挡情况下无先验知识的目标模型,通常将目标的几种特征结合在一起。这些特征包括大小、形状和运动信息。目标表决用于建立不同帧的两个目标特征间的关联。

增加的阶段用于检测目标合并(遮挡)、分离并修正对应目标的轨迹。算法利用目标的运动信息和边界信息来检测上述情况。假设目标运动是平滑的,目标不会突然消失或改变方向[34]。然而这种假设有时并不成立。因为一个人可能在某个方向来回行走,一台机器可能按圆周的方式运行,因此假设目标方向不变并不实际。

Knight 提出的方法考虑了类似的假设,即利用线性速度预测器估计遮挡目标的新坐标[35]。实际上,Knight 建立了基于空间、时间和目标外观特征的关联。Knight 用基于像素的表决法代替目标级表决法建立匹配并检测遮挡:每个像素表决一个目标标记,这样颜色和空间的概率是最高的。如果每个目标的表决数量超过一定比例,则认为匹配。如果存在多匹配,则认为目标被遮挡或分离。由于分割错误也可能产生同样的判断,因此这种方法有时会产生错误的跟踪。如上所述,在遮挡情况下用线性速度预测器估计目标的新位置可能产生错误,因为目标可能会改变方向。因此,需要计算量较小的自底向上技术,在无先验知识的情况下处理遮挡问题或者目标的约束及运动问题。

6.2.3 结论

在过去的10年中有许多监控系统方面的研究。表6.1总结了用于跟踪系统的检测和跟踪技术,如 VSAM[26]、W⁴[36]、Vigilant[37]、Knight[35] 和 IBM S3[38]。这些系统由大学和研究中心开发,应用各不相同,包括在复杂环境下人和车辆的自动监控、商业性的移动目标跟踪、对人或人体部分的局部监控、生成目标数据库的监控软件产品。这些应用都无法用于资源限制的平台,因为大多数算法的计算量较大。另外,跟踪本身非常复杂。例如:VSAM 用自顶向下法和扩展卡尔曼滤波支持多假设;Vigilant 用贝叶斯分类滤波和 HMM 对目标入口和出口分类;W⁴ 形状分析组合建立人体外观模型用以区分、跟踪三种可能的目标类别(人、人群和其他),实际上 W⁴ 可以跟踪人,也可以跟踪人体的某个部位,如头、手、躯干和脚等,跟踪过程需要生成目标轮廓的全局和局部特征,并且找到目标轮廓的顶点,计算目标轮廓定点时需要获得初始迭代的凸壳算法;IBM S3 用目标外观模型解决在遮挡时的深度排序问题;在 Knight 所提方法中,用颜色、大小、形状和基于像素表决(而非目标级简化表决)的运动特征建立目标关联。此外,在遮挡时使用线性速度预测产生的结果并不准确,因为目标可能改变方向,并且分割误差也会影响关联结果。

表 6.1　当前监控系统中的检测与跟踪技术

参考文献	系统	检测	跟踪	结论
[26]	VSAM:在杂乱环境中监控人、车辆	帧差法和平滑均值滤波	扩展卡尔曼滤波,支持多假设	单模背景 高计算量跟踪
[35]	Knight:监控交通系统	梯度和颜色的统计模型	基于空间、时间、外观(颜色、形状、运动)的投票	多模增加了复杂性(区域级差分);基于像素投票的跟踪
[36]	W⁴:人或身体部位的夜间户外监控	双峰分布	形状分析组合,轮廓外观模型	检测需要大缓存;形状分析计算量高
[37]	Vigilant:生成目标数据库的监控软件	MoG	贝叶斯分类区分目标,HMM 区分入口/出口	多模背景,计算量高;跟踪计算量高

参考文献	系统	检测	跟踪	结论
[38]	IBM S3：监控基于视频行为分析	光流法	用外观模型解决遮挡时的深度序列	检测的计算量非常大；跟踪计算量大

近几年相继开发出一些智能嵌入式视觉平台，例如 Cyclops 和 Mesh-Eye[39,40]。目前研究的重点是开发一种无需设计高效视觉算法的基础平台，因此尝试使用简单的背景差分法，如帧分法和平滑均值滤波器，但是目前对于复杂场景还没有用于嵌入式系统的有效检测和跟踪技术。因此，需要针对这样资源有限的平台，需要从不同的角度考虑适用的算法类型。算法必须是实时、计算量小的适合资源有限的传感器节点。跟踪算法应充分自动化且可靠，以便在例如复杂的户外场景或目标间存在遮挡的情况下较好地处理检测和跟踪问题。第 5 章针对背景建模问题开发了 HS-MoG 算法处理多模场景问题，其准确度与 MoG 算法相当，但计算量更少[41]。

实现跟踪的算法方法需是计算量较小，并且对目标遮挡情况具有较好的鲁棒性；对未限制运动方向的快速目标外观变化、图像噪声和光照变化具有高容错能力。自顶向下法计算量较高，因此不适合处理跟踪问题。自底向上法计算量较小，但对遮挡的鲁棒性不佳。6.3 节提出可以提高跟踪算法鲁棒性的 BuM-NLV 算法。

6.3 BuM-NLV：基于非线性表决的自底向上匹配法

如上所述，目标表示和定位的方法计算量较小，但对遮挡和分割错误鲁棒性不佳。本节提出一种简单的自底向上跟踪算法——BuM-NLV（Bottom-Up Matching Scheme Using Non-Linear Voting）。此方法适合应用于资源有限的视觉传感器节点[42]。BuM-NLV 是一种利用非线性表决的基于相关性的跟踪方法。算法将背景差分法和选择高斯建模结合，采用滞后阈值对前景进行检测。这样对于具有光照变化和背景杂波运动的户外场景监控非常有效。在序列中提取简单但具鲁棒性的形状、颜色和纹理特征，实现移动目标识别。根据特征相似和空间距离的相关性匹配进行跟踪。算法根据目标形状、颜色和纹理非线性特征表决可修复遮挡和分割错误。此算法的跟踪精度不亚于目前最先进的跟踪技术，并且大大减少了计算量。实际上，监控系统面临主要问题在于算法的简洁性和在不同阶段处理遮挡问题的能力，BuM-NLV 解决的问题包括：

（1）用提取简单形状、颜色和纹理特征的方式保证了一定的跟踪准确度且计算量适中。这些特征为监控应用提供了稳定、有效的目标描述，在监控应用中更关注执行速度而非准确的目标特征。

（2）跟踪过程利用搜索区域内有限匹配、基于空间距离和特征相似性匹配，并用非线性表决解决多匹配冲突。

（3）通过检测遮挡和分离、修正分割错误以及利用上一级反馈信息更新轨迹的过程，可获得可靠的跟踪结果。算法无需任何先验知识或目标模型假设，也不需要限制运动方向。

BuM-NLV 算法主要分为四步，如图 6.2 所示。第一步是检测场景中感兴趣的目标。这里运用到第 5 章的 HS-MoG[43] 算法。此步骤需要计算运动区域，然后执行选择性元件匹配和更新以便确定背景分布。此外，用滞后阈值进行前景检测。第二步是当图像分割为前景和背景后，提取所有前景目标的代表特征。第三步是根据目标特征的空间距离和特征相似性进行逐帧匹配。可用非线性表决解决多匹配场景问题。第四步是处理遮挡并修正分割错误。

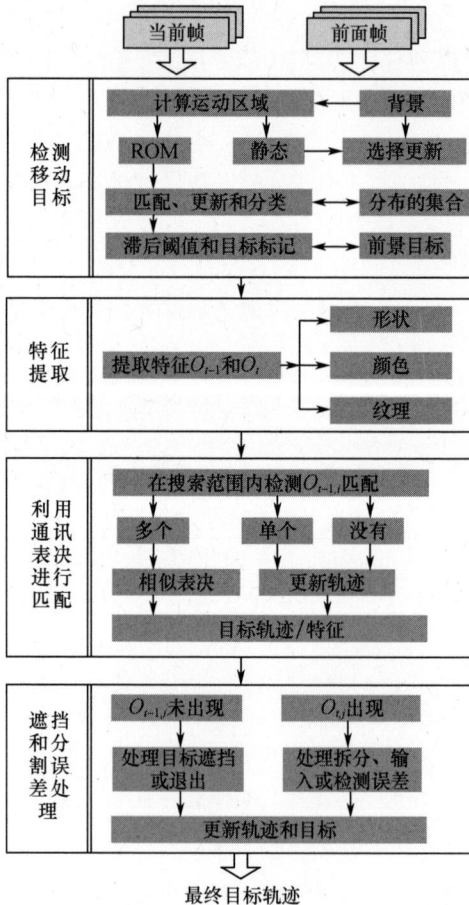

```
                 当前帧              前面帧

检测    ┌─────────────────────────────────────────┐
移动    │  计算运动区域        ←──    背景          │
目标    │                                          │
        │  ROM      静态            选择更新        │
        │                                          │
        │  匹配、更新和分类   ←→   分布的集合      │
        │                                          │
        │  滞后阈值和目标标记       前景目标        │
        └─────────────────────────────────────────┘

特征    ┌─────────────────────────────────────────┐
提取    │                              → 形状       │
        │  提取特征 O_{t-1} 和 O_t     → 颜色       │
        │                              → 纹理       │
        └─────────────────────────────────────────┘

利用    ┌─────────────────────────────────────────┐
通讯    │   在搜索范围内检测 O_{t-1,i} 匹配        │
表决    │                                          │
进行    │   多个      单个        没有             │
匹配    │                                          │
        │   相似表决        更新轨迹               │
        │                                          │
        │         目标轨迹/特征                    │
        └─────────────────────────────────────────┘

遮挡    ┌─────────────────────────────────────────┐
和分    │  O_{t-1,i} 未出现      O_{t,j} 出现      │
割误    │                                          │
差处    │  处理目标遮挡        处理拆分、输        │
理      │  或退出              入或检测误差        │
        │                                          │
        │         更新轨迹和目标                   │
        └─────────────────────────────────────────┘

                   最终目标轨迹
```

图 6.2 检测和跟踪算法的整体结构

6.3.1 运动目标检测

第一步是确定图像中的运动目标。第 5 章提到的检测方法包括适合室内应

106

用的简单方法,也包括适合户外环境的更精确的检测方法。可以根据环境类型选择合适的方法检测运动目标。此处选择 HS-MoG 算法,因为在室外复杂环境下此方法能获得准确的检测结果,且与 MoG 相比计算量少[41]。具体步骤如下,算法相关内容可参见第 5 章。

HS-MoG 包括以下步骤:确定运动区域,选择匹配和更新,用滞后阈值完成前景检测。如果像素 $I_t(x,y)$ 与时刻 $t-1$ 的像素的差或与前一时刻对应背景像素 $B_{t-1}(x,y)$ 的差大于 Th_{RoM},计算方法见式(6.3),即

$$|I_t(x,y) - I_{t-1}(x,y)| > Th_{t-1,RoM}(x,y) \quad \text{或}$$

$$|I_t(x,y) - B_{t-1}(x,y)| > Th_{t-1,RoM}(x,y) \tag{6.3}$$

下一步更新静态像素 $B_t(x,y)$ 和 $Th_{t,RoM}(x,y)$,计算方法见式(6.4)和式(6.5),即

$$B_t(x,y) = \alpha_1 B_{t-1}(x,y) + (1-\alpha_1) I_t(x,y) \tag{6.4}$$

$$Th_{t,RoM}(x,y) = \alpha_1 Th_{t-1,RoM}(x,y) + (1-\alpha_1)(5 \times |I_t(x,y) - B_{t-1}(x,y)|) \tag{6.5}$$

式中:α_1 为适应率或可理解为在每个新框架中场景变化与背景融合的速度。

如果有必要,算法允许操作员在运动区域预先设定像素。这种情况下,会将预先设定的边界区域坐标反馈到节点。

一旦获得最终运动区域,便用选择性 MoG 消除杂乱背景像素。如第 5 章所述,将每个像素 $I_t(x,y)$ 建模为 K 次加权高斯分布[41],计算方法见式(6.6),即

$$f_1(X) = \sum_{k=1}^{K} w_{t,k} \eta(X; \mu_{t,k}, \sigma_{t,k}) \tag{6.6}$$

式中:$\eta(X; \mu_{t,k}, \sigma_{t,k})$ 为 k 阶正态分布;$w_{t,k}$、$\mu_{t,k}$ 和 $\sigma_{t,k}$ 分别为第 k 个权值、均值和标准差。混合背景中的不同分布代表相同像素位置观测到不同颜色的概率,即不同背景。权值代表颜色留在场景中的比例。每个高斯混合的持久性和变化决定分布与对应的背景颜色。不符合背景分布的像素值则认为是前景,除非有包含这些像素的高斯分布证明其属于背景[41]。

校验 RoM 中的像素 $I_t(x,y)$ 和匹配分布:如果均值与 $I_t(x,y)$ 足够接近,则认为二者足够相似[44]。如果存在匹配值,则更新匹配元素的均值、标准差和所有权值,计算方法见式(6.7)、式(6.8)、式(6.9)、式(6.10)和式(6.11),即

$$\mu_{t,match} = (1-\rho_t)\mu_{t-1,match} + \rho_t I_t(x,y) \tag{6.7}$$

$$\sigma_{t,match}^2 = (1-\rho_t)\sigma_{t-1,match}^2 + \rho_t(I_t(x,y) - \mu_{t,match})^2 \tag{6.8}$$

$$\rho_t = \alpha/w_{t-1,match} \tag{6.9}$$

$$w_{t,k} = (1-\alpha)w_{t-1,k} + \alpha M_{t,k} \tag{6.10}$$

$$M_{t,k} = \begin{cases} 1 & \text{如果 } k = match \\ 0 & \text{否则} \end{cases} \tag{6.11}$$

式中:ρ_t 和 α 为学习速率[8]。如果没有找到匹配值,则用更新元素的均值 $I_t(x, y)$、较大方差和较小权值替换最低权值的元素。其余分布维持原均值和方差,但降低权值以达到指数衰减。

根据 $w_{t,k}/\sigma_{t,k}$ 的值进行排序。排序靠前的元素被认为是背景。当前 B 分布的和大于阈值 Th_{dist},则这些分布被认为是背景分布。然后将 $I_t(x,y)$ 与背景分布比较,如果与背景区别显著,则认为 $I_t(x,y)$ 属于前景。基于滞后阈值的前景检测可以提高目标检测的准确度,然后进行连通域分析和形态学操作,最后将目标用不同数字标记。

6.3.2　目标特征提取

检测完运动目标后,便开始提取目标特征。这些特征用于逐帧与目标匹配。对传感器节点资源限制的监控系统来说,更倾向选择计算量较小的特征。因此,选择简单的形状、颜色和纹理特征,可保证一定的匹配质量和较小的计算复杂度[45]。利用多表决概率的特征加权组合,可避免单个特征失效或某跟踪模块丢失目标时产生的不良影响。

首先,将适合目标尺寸的最小矩形框定义为目标的边界框 BB。记录边界框的起始和结束坐标来定义目标的跨越区域。这些坐标在之后的遮挡处理模块用来检测两个目标的边界框是否重合。目标宽度 W 为边界框的最大水平距离。同理,高度 H 为边界框的最大垂直距离。每个目标的尺寸 S 为组成目标的前景像素数量。根据目标像素计算出目标的质心或重心坐标,计算方法见式(6.12)、式(6.13),即

$$X_{CM} = (x_{CM}, y_{CM})$$

$$x_{CM} = \frac{\sum_{i=1}^{i=S} x_i}{S} \tag{6.12}$$

$$y_{CM} = \frac{\sum_{i=1}^{i=S} y_i}{S} \tag{6.13}$$

其他形状特征包括范围度量 E,其旋转角度和尺寸不变,可将其定义为式(6.14),即

$$E = \begin{cases} \dfrac{H}{W} & \text{如果 } H < W \\[2mm] \dfrac{W}{H} & \text{否则} \end{cases} \tag{6.14}$$

此外,紧密度 CO 可反映目标的形状、密度和拥挤程度,定义为式(6.15),即

$$CO = \frac{S}{H \times W} \tag{6.15}$$

特别是当目标变形和遮挡时,仅提取目标形状特征无法保证跟踪质量。因此,还要计算每个目标的颜色直方图 $Hist$。首先将目标颜色转换为二进制,计算每个二进制中目标像素的数量。为减少计算复杂度,颜色值仅用 $N_c = 21$ 个二进制或颜色表示。然后将直方图归一化,这样所有值相加变为一个值。每个二进制 c_i 的直方图 $Hist(c_i)$ 可表示为式(6.16),即

$$Hist(c_i) = \frac{Hist(c_i)}{\sum_{c_i=1}^{N_c} Hist(c_i)} \tag{6.16}$$

最后通过以下方式计算统计直方图和相对光滑度,计算方法见式(6.17),即

$$smooth = \sum_{c_i=1}^{N_c} (c_i - mean(Hist))^2 Hist(c_i) = \sum_{c_i=1}^{N_c} c_i^2 Hist(c_i) - (mean(Hist))^2 \tag{6.17}$$

选择平滑度是因为它能更好描述目标纹理,并且对光照变化鲁棒性较强。

6.3.3　基于互信息的目标匹配

该步骤的目的是建立目标在连续帧中的对应关系,并归纳/更新每个目标的轨迹信息。此过程分为两步:将前一帧的目标与当前帧的目标匹配;解决多目标匹配为同一目标的问题。

根据空间距离和特征相似性,将前一帧的目标与当前帧的目标进行匹配。这需要考虑目标间质心的距离、尺寸和形状。在理想情况下,帧 F_{t-1} 中的目标 $O_{t-1,i}$ 与帧 F_t 中最近的目标 $O_{t,j}$ 匹配,其尺寸、形状特征都与目标 $O_{t-1,i}$ 相似。目标 $O_{t+1,i}$ 和 $O_{i,j}$ 的匹配值用 M_{ij} 表示。为了减少计算量,定义每个目标的搜索区域,只有在搜索空间内的目标才可能匹配。此过程分为两步。首先,对于帧 F_{t-1} 中具有质心 CM_i 的目标 $O_{t-1,i}$,仅对帧 F_t 中质心足够接近 CM_i 的目标 $O_{t,j}$ 进行检测。将 CM_i 与 CM_j 间的欧氏距离 $d_{ig}(CM)$ 与阈值 Th_{SA} 比较,计算方法见式(6.18),即

$$d_{ij}(CM) = dis(CM_i, CM_j) = \sqrt{(x_{CM_i} - x_{CM_j})^2 + (y_{CM_i} - y_{CM_j})^2} < Th_{SA} \tag{6.18}$$

式中:Th_{SA} 为搜索区域的界限。如果距离相对较小,则根据尺寸比率 RS_{ij}、范围率 RE_{ij}、紧凑率 RCO_{ij} 判断尺寸和形状相似度,定义分别为式(6.19)、式(6.20),即

$$RS_{ij} = \begin{cases} \dfrac{S_i}{S_j} & \text{如果 } S_i < S_j \\[2mm] \dfrac{S_j}{S_i} & \text{否则} \end{cases} \tag{6.19}$$

$$RE_{ij} = \begin{cases} \dfrac{E_i}{E_j} & \text{如果 } E_i < E_j \\[2mm] \dfrac{E_j}{E_i} & \text{否则} \end{cases} \tag{6.20}$$

$$RCO_{ij} = \begin{cases} \dfrac{CO_i}{CO_j} & \text{如果 } CO_i < CO_j \\[2mm] \dfrac{CO_j}{CO_i} & \text{否则} \end{cases} \tag{6.21}$$

如果比例小,则认为特征在连续帧间没有变化:这两个不同帧中的目标极有可能对应同一个目标。这种情况下,若满足如式(6.22)所示的前提条件,则目标 $O_{t-1,i}$ 可能与目标 $O_{t,j}$ 匹配,且 $M_{ij} = \text{TRUE}$。

$$RS_{ij} < Th_{RS} \text{且 } RE_{ij} < Th_{RE} \text{且 } RCO_{ij} < Th_{RCO} \tag{6.22}$$

式中:Th_{RS},Th_{RE},Th_{RC} 为预先设定的阈值。通常将摄像头放置在固定位置上,因此给出关于目标尺寸变化的几个假设。例如,将摄像机放置在 Griffin 大楼顶端。这意味着目标在连续帧间不会收缩/膨胀。在其他情况下,假设目标在连续帧间存在缓慢移动,这会影响搜索区域阈值、尺寸和形状比的选择。根据不同应用,需要进行相应的调整。例如,可以设置搜索区域阈值为之前目标轨迹中最大位移的两倍。

若前一帧中的多目标与新一帧中相同目标匹配时会产生错误。考虑图 6.3 中第一种情况,其中 $O_{t-1,1}$ 在帧 F_t 中具有两个可能的匹配 $O_{t,1}$ 和 $O_{t,2}$。此时需通过相似性和多数原则表决进行选择。这与文献[9]中的表决类似,但是利用了不同的特征,此表决方法对目标变形、方向变化和光照变化的鲁棒性更强。非线性表决用到两个变量 v_{11} 和 v_{12}。假设 v_{11} 表示与 $O_{t,1}$ 相比 $O_{t-1,1}$ 和 $O_{t,2}$ 更匹配的情况,也可表示为 $\{v_{11}: O_{t-1,1} \rightarrow O_{t,1}\}$;$v_{12}$ 表示相反情况,也可表示为 $\{v_{12}: O_{t-1,1} \rightarrow O_{t,2}\}$。两个表决变量的初始值为 0。每个变量随时间增加,表示匹配具有更好的相似性。$d_{ig}(\text{feature})$ 表示目标 $O_{t-1,i}$ 和 $O_{t,j}$ 之间的距离或相似性。对于每个特征,需要计算并比较 $d_{11}(\text{fearture})$ 和 $d_{12}(\text{feature})$。例如,目标 $O_{t-1,1}$ 与 $O_{t,1}$ 的颜色直方图之间的距离 $d_{11}(Hist)$ 为

$$d_{11}(Hist) = \sum_{i=1}^{N_c} |Hist_{t-1,1}(i) - Hist_{t,1}(i)| \tag{6.23}$$

110

同理,计算 $d_{12}(Hist)$。比较两个距离,距离较小的一个排序靠前;其对应的变量值增加。所有的特征均可采用这样的方式,因此最终具有最高表决的变量为最佳匹配。如图 6.3 所示多匹配场景中 v_{11} 具有最高表决,所以 $O_{t-1,1}$ 与 $O_{t,1}$ 匹配。需要注意的是,非线性表决不需要计算任何权值,因此算法执行更简便,更适合资源有限的应用。

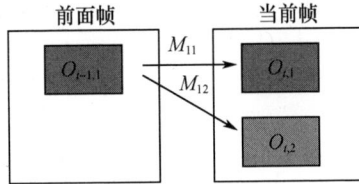

图 6.3　多匹配场景:目标 $O_{t-1,1}$ 有两个可能的匹配 $O_{t,1}$ 和 $O_{t,2}$

最后,前一帧中每个目标与新一帧最多一个目标匹配,反之亦然。更新每个目标的轨迹信息以及新一帧中匹配目标的质心位置。然而有些情况需要特别关注:如果前一帧中的目标没有在新一帧中找到匹配的目标,有可能是目标消失或退出场景,也有可能是存在遮挡。如果新一帧的目标没与任何前一帧的目标匹配,可能存在进入场景的新目标,也可能之前被遮挡的目标不再被遮挡,还有可能是分割错误导致的结果。所有这些情况都在遮挡处理阶段考虑。

6.3.4　遮挡处理

如上所述,在这个阶段中前一帧中的每个目标都与新一帧中最多一个目标匹配,反之亦然。然而仍有两种情况需要考虑:检测目标合并和目标分离。

对如图 6.4 所示遮挡场景中反映的情况,其中目标 $O_{t-1,2}$ 不与新一帧中任何目标匹配。存在如下两种可能的解释:
（1）可能目标退出场景;
（2）可能目标被其他前景遮挡。

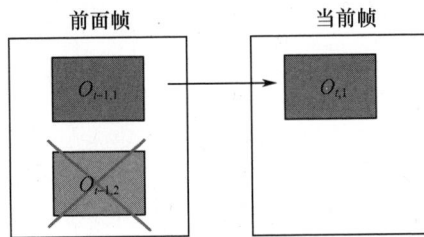

图 6.4　遮挡场景:在下一帧目标 $O_{t-1,2}$ 被 $O_{t-1,1}$ 遮挡

为区分这两种情况,算法验证在 F_t 中是否存在另一个目标 $O_{t,j}$,使边界框与目标 $O_{t-1,2}$ 的边界框重合,即

$$\exists O_{t,j} \in F_t, O_{t-1,i} \in F_{t-1} \text{使得}$$

$$overlap\{BB(O_{t-1,2})\,|\,BB(O_{t,j})\} = \text{TRUE} \quad \text{和} \quad M_{ij} = \text{MATCH} \quad (6.24)$$

如果存在重叠,并且 $O_{t,j}$ 与 F_{t-1} 中的另一个目标 $O_{t-1,1}$ 匹配,则 $O_{t-1,2}$ 可能被遮挡或被 $O_{t-1,1}$ 覆盖。这就是所谓的目标合并情况。最终这些目标可能分离或者每个目标沿不同方向运动。因此,不能删除遮挡目标 $O_{t-1,2}$ 的信息,应该将目标 $O_{t-1,1}$、$O_{t-1,2}$ 和 $O_{t,j}$ 标记成一个遮挡 ID,并保存它们的直方图和形状信息:在目标分离时用来分辨哪个目标对应原先遮挡的目标。

另一种情况使新目标 $O_{t,2}$ 不与 F_{t-1} 中的任何目标匹配。可能产生这种情况的原因有三个。

(1) $O_{t,2}$ 是进入场景的新目标,其轨迹始于当前帧。

(2) $O_{t,2}$ 是不合理分割的结果,应对其进行修正。例如,如果前景是行走的人,在新一帧中却将头和身体检测为两个分离的目标,因此头和身体只有一个可以匹配,另外则无法匹配。这种情况下应将两个目标合并为一个目标。

(3) $O_{t,2}$ 是之前被其他前景遮挡的目标,但现在不再被遮挡,因此不能将 $O_{t,2}$ 视为新目标。

例如图 6.5 中的情况,在当前帧检测到的目标 $O_{t,2}$ 没有与前一帧的目标匹配。BuM-NLV 算法检查前一帧 F_{t-1} 中是否存在边界框与 $O_{t,2}$ 的边界框重叠的目标 $O_{t-1,i}$,并验证是否与 $O_{t,1}$ 匹配。如果目标的遮挡字节被设置成遮挡 ID,则 $O_{t-1,i}$ 之前已被另一目标覆盖,而在当前帧中这两个目标产生分离,即

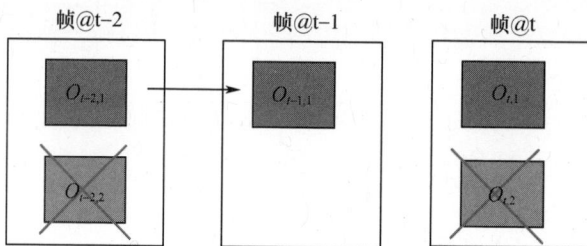

图 6.5　目标 $O_{t-2,1}$ 和遮挡目标 $O_{t-2,2}$ 在 $t-2$、$t-1$、t 帧的状态,$O_{t-1,1}$ 之后分裂成 $O_{t,1}$ 和 $O_{t,2}$

$$\exists O_{t,j} \in F_t, O_{t-1,i} \in F_{t-1} \text{使得} \; Occlusion(O_{t-1,i}) = 1,$$

$$overlap\{BB(O_{t-1,i})\,|\,BB(O_{t,2})\} = \text{TURE} \quad \text{且} \quad M_{ij} = \text{MATCH} \quad (6.25)$$

合并可能在 F_{t-2} 中发生或者在更早的帧中已经发生合并。假设图 6.5 中的情况:帧 F_{t-2} 中两个目标 $O_{t-2,1}$ 和 $O_{t-2,2}$ 在前一帧合并成 $O_{t-1,1}$ 或者其中一个目标被另一个目标覆盖,然后 $O_{t-1,1}$ 分成两个目标 $O_{t,1}$ 和 $O_{t,2}$,目的是将 F_{t-2} 中的 $\{O_{t-2,1}$ 和 $O_{t-2,2}\}$ 与 F_t 中 $\{O_{t,1}$ 和 $O_{t,2}\}$ 结合起来。根据合并时存储的特征,利用非线性多数表决识别正确匹配。让 $d_{11}(Hist)$、$d_{11}(RE)$ 和 $d_{11}(RCO)$ 分别表示目标 $O_{t-2,1}$ 与 $O_{t,1}$ 的归一化颜色直方图的距离、幅值比值、紧凑度比值,可分别计算

标记为 $d_{22}(feature)$、$d_{21}(feature)$ 和 $d_{12}(feature)$ 的三个组合 $\{O_{t-2,1},O_{t,2}\}$、$\{O_{t-2,2}$ $O_{t,1}\}$ 和 $\{O_{t-2,2},O_{t,2}\}$ 的相似距离,目的是匹配具有最小距离的目标。为持续跟踪这些距离,将两个表决变量的初始值设为 0。w_{11} 表示 $\{O_{t-2,1}\to O_{t,1}\}$ 和 $\{O_{t-2,2}$ $\to O_{t,2}\}$ 的情况,w_{11} 表示 $\{O_{t-2,1}\to O_{t,2}\}$ 和 $\{O_{t-2,2}\to O_{t,1}\}$ 的情况。通过比较上述每个特征距离的方法增加表决变量,可表示述为

如果 $d_{11}(feature) < d_{12}(feature)$,则 $w_{11}++$,否则 $w_{12}++$

如果 $d_{22}(feature) < d_{21}(feature)$,则 $w_{11}++$,否则 $w_{12}++$ (6.26)

最后根据表决变量的大小决定如何执行匹配(以表决变量较大的为准)。匹配问题一旦解决,则更新对应目标的轨迹并重置遮挡字节。如果 $O_{t-1,1}$ 之前没有被遮挡(重置遮挡字节),但 $O_{t,1}$ 足够接近 F_t 内另一个目标 $O_{t,2}$,并与 $O_{t-1,1}$ 更匹配,则 $O_{t,1}$ 和 $O_{t,2}$ 属于不合理分割的结果。应将 $O_{t,1}$ 和 $O_{t,2}$ 合并成一个目标,将合并信息反馈到检测阶段,并更新合并目标的新特征。否则,$O_{t,2}$ 为恰好进入场景的新目标,需要用新轨迹反映目标。

6.3.5 仿真结果

为验证所提方法的有效性和可靠性,采用来自文献 Wallflower Paper[47]、PETS 2006[46] 的视频序列以及拉斐特的路易斯安那大学提供的视频序列进行目标跟踪实验。

利用室内和室外的视频序列测试跟踪技术,验证算法是否具有以下能力:跟踪不同目标,区分遮挡场景,修复分割错误。如图 6.6、图 6.7 和图 6.8 给出了两组不同序列的跟踪结果。将检测目标包围在 BB 中,并将绘制目标轨迹作为帧函数。第一组视频序列是具有多模背景的 Griffin Hall 户外场景。图 6.6(a)、图 6.6(c)、图 6.6(e) 分别给出了帧数为 20、50 和 70 时的跟踪结果。需要注意的是,只有行人是需要检测的目标,而摇摆的树应检测为背景。图 6.7 给出了随着时间变化的 x 和 y 位置的行人轨迹图。第二组视频序列是室内拍摄的,场景中具有多个目标,目标分别在第 99 帧、第 215 帧、第 230 帧离开场景,分别如图 6.6(b)、图 6.6(d)、图 6.6(f) 所示。图 6.8 给出了根据帧函数绘制的相应轨迹,其中不同颜色表示监控场景中的不同目标。

图 6.9 展示了该算法根据反馈信息如何修复分割错误。在第 150 帧将行人错误地检测为两个目标,即将头部和身体看作具有不同 BB 的两个不同目标。当试着将这两个目标与之前的一个目标匹配时,跟踪算法能正确判定它们属于同一个目标。如图 6.9(c) 所示,该算法将这两个目标合并,并且更新目标的特征和轨迹,所以图 6.8 的第 150 帧显示为一个目标。

图 6.10 和图 6.11 说明了算法处理遮挡的过程:两个人互相朝着对方行走、相遇,之后分离继续行走。图 6.10 显示三个不同帧出现的不同场景:遮挡发生前、遮挡发生时和目标分离后。跟踪两个目标的质心时发现,灰色的目标 2 从帧

图 6.6　BuM-NLV 目标跟踪实验

（a）在 Griffin Hall 前的户外跟踪，目标在方框内；
（b）PETS 数据库的户外跟踪序列，边界框出现在第 99 帧；（c）50 帧时的户外跟踪结果；
（d）215 帧的室内跟踪结果；（e）70 帧的户外跟踪结果；（f）230 帧的室内跟踪结果。

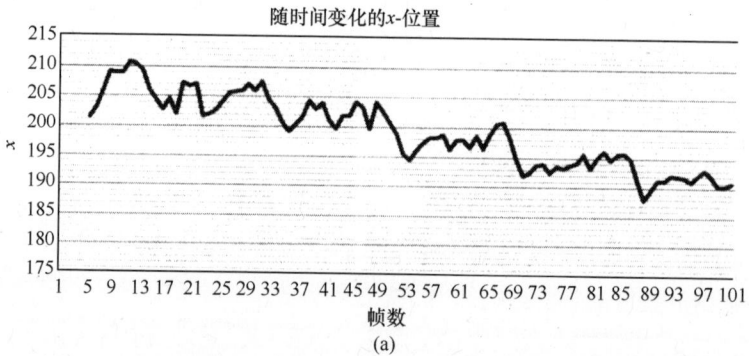

随时间变化的x-位置

帧数

（a）

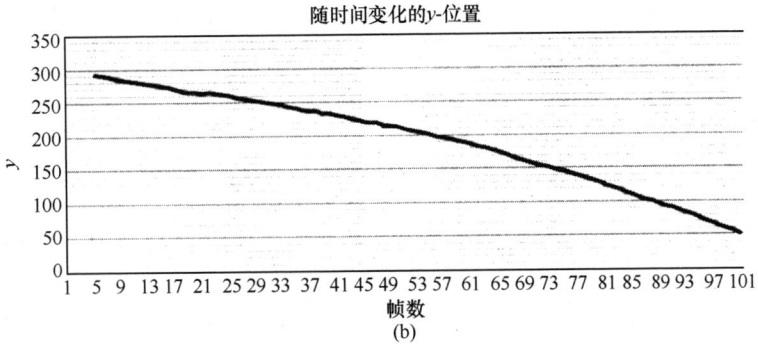

图 6.7 Griffin Hall 前的户外跟踪轨迹

（a）x 为帧数函数；（b）y 为帧数函数。

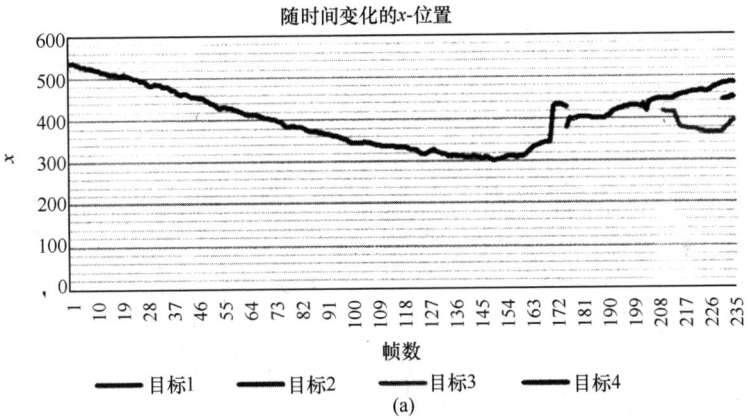

（a）

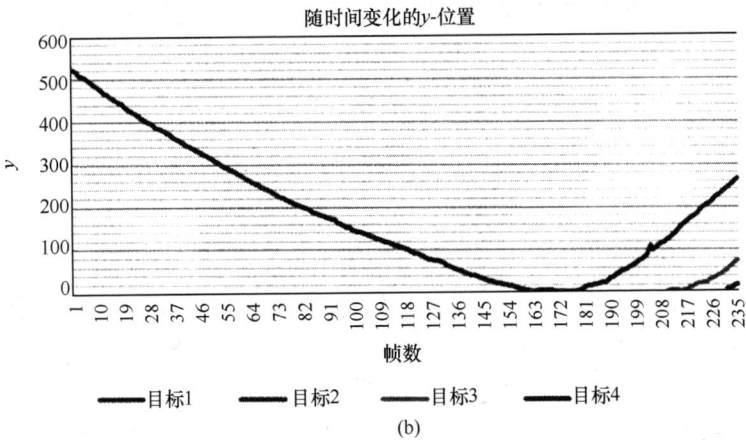

（b）

图 6.8 PETS 数据库的室内序列跟踪轨迹[46]

（a）x 表示帧数函数；（b）y 表示帧数函数。

(a)

(b)

(c)

图 6.9　修正分割错误场景

（a）帧 150；（b）反馈前的分割错误，一个目标检测出两个目标；

（c）反馈后的错误修正，将两个边界框合并成一个。

中消失，而白色的目标 1 依旧在场景中。当遮挡发生时，该算法保留了两个目标合并前的直方图和形状信息，如表 6.2 所列。当分离发生时，这些信息有助于判定这是之前遮挡的目标，而非新进入场景的目标。需要注意的是，目标遮挡时算法并没有将目标删除，两个目标的轨迹也没有断开。利用相似表决对每个目标

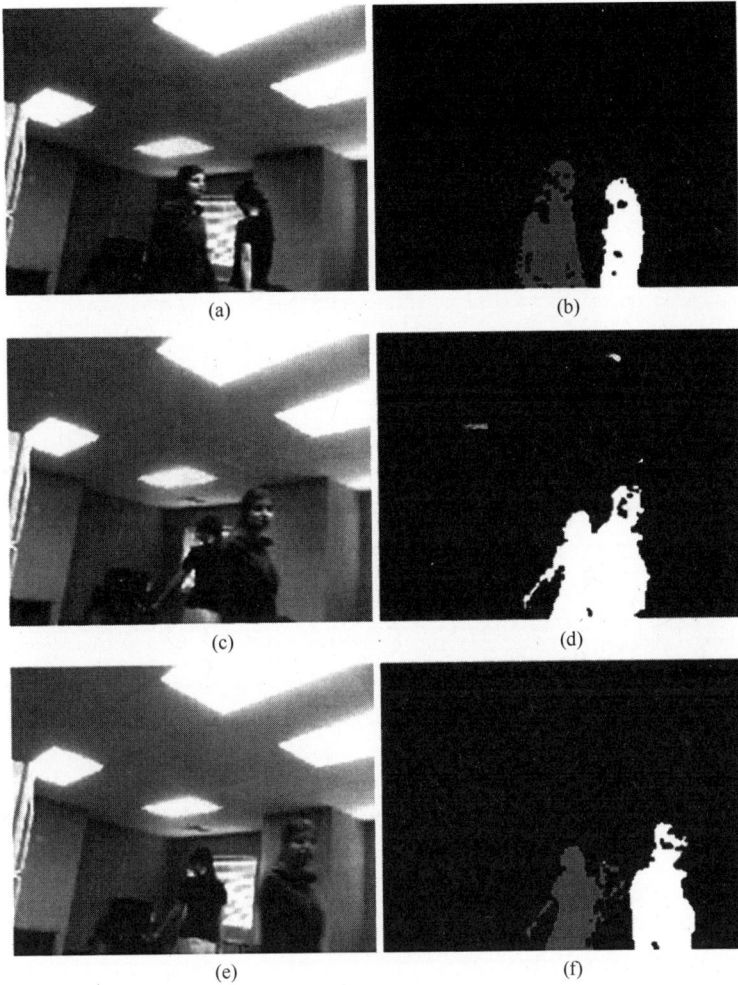

图 6.10　遮挡场景

(a)两人相遇;(b)遮挡前检测的目标;(c)遮挡发生时;

(d)遮挡发生时检测的目标;(e)两人分离开;(f)分离后检测的目标。

的轨迹进行更新。在之后的帧中,目标 1 分离为两个。为确定目标的对应关系,要用到之前保存的目标形状和颜色直方图信息。尽管在某些帧(37～46 帧)中目标 1 遮挡目标 2,但当目标 2 出现时,算法可正确识别出该目标是之前消失的目标,而不是新的目标。

　　图 6.12 为遮挡目标在不同时刻的颜色直方图。一组是遮挡第一次发生时两个目标的颜色直方图,另一组是目标分离时的颜色直方图。表 6.2 总结了遮挡前两个原目标和分离后新目标的位置、形状信息。信息包括目标宽度、高度、边界框拐角的坐标 x 和 y、紧凑度和幅值。

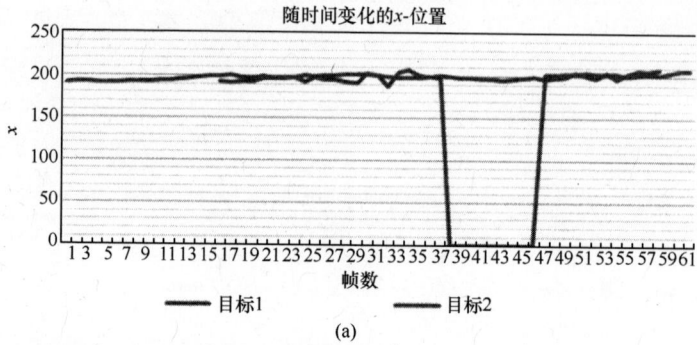

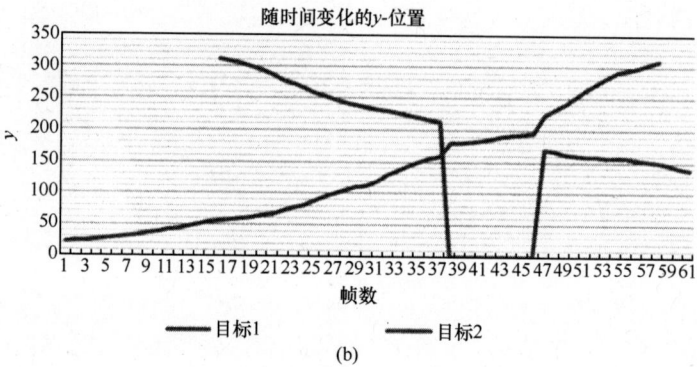

图 6.11 遮挡场景

(a)x 表示帧数函数；(b)y 表示帧数函数。

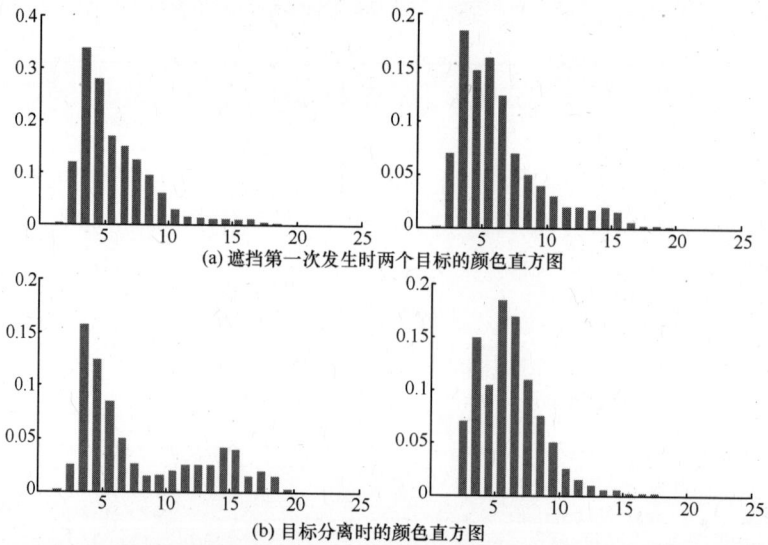

图 6.12 目标的直方图

(a)遮挡时；(b)分离时。

表 6.2　遮挡前和分离后目标的形状和位置信息

特征	目标 1	目标 2	新目标 1	新目标 2
宽度	107	92	105	87
高度	64	40	60	87
X 起始点	134	149	136	154
X 终止点	240	240	240	240
Y 起始点	122	196	212	124
Y 终止点	185	235	271	210
紧凑度	0.57082	0.43478	0.57143	0.4278
幅度	0.59813	0.6981	0.65397	1
图像	107×64	92×40	105×60	87×87

　　基于特征相似性的非线性表决可以确定目标的相关性。具有最高表决数的表决变量反映每个目标轨迹的更新方式。这种情况下,被目标 1 遮挡的目标 2 再次出现,成为表 6.2 中的"新目标 2"。因为此目标的特征更接近"目标 2"的特征,因此得出上述判断。BuM-NLV 算法可以正确地将"新"目标与之前消失的目标判定为同一目标,而不是判定为新目标。

参 考 文 献

1. E. Maggio and A. Cavallaro, Video tracking: theory and practice, Wiley and Sons, 2010.
2. V. Kettnaker and R. Zabih, "Bayesian multi-camera surveillance," in *IEEE Conference Computer Vision and Pattern Recognition*, 1999.
3. A. D. Bue, D. Comaniciu, V. Ramesh and C. Regazzoni, "Smart cameras with real-time video object generation," in *IEEE International Conference on Image Processing*, Rochester, 2002.
4. D. R. Karuppiah, Z. Zhu, P. Shenoy and E. M. Riseman, "A fault-tolerant distributed vision system architecture for object tracking in a smart room," *Lecture Notes in Computer Science*, vol. 2095, pp. 201–219, 2001.
5. S.-C. Chen, M.-L. Shyu, C. Zhang and R. L. Kashyap, "Identifying overlapped objects for video indexing and modeling in multimedia database systems," *International Journal on Artificial Intelligence Tools*, vol. 10, no. 4, pp. 715–734, 2001.
6. U. Handmann, T. Kalinke, C. Tzomakas, M. Werner and W. V. Seelen, "Computer vision for driver assistance systems," in *SPIE, Enhanced and Synthetic Vision*, Orlando, 1998.
7. G. R. Bradski, "Computer vision face tracking as a component of a perceptual user interface," in *IEEE Workshop Applications of Computer Vision*, 1998.
8. D. Rowe, "Towards robust multiple-tracking in unconstrained human-populated environments," Barcelona, 2008.
9. W. Hu, T. Tan, L. Wang and S. Maybank, "A survey on visual surveillance of object motion and behaviors," *IEEE Transactions on Systems, Man and Cybernetics*, vol. 34, no. 3, pp. 334–352, August 2004.
10. S. McKenna, S. Jabri, Z. Duric, A. Rosenfield and H. Wechsler, "Tracking groups of people," *Computer Vision and Image Understanding*, vol. 80, no. 1, pp. 42–56, 2000.
11. A. Mohan and T. P. Constantine Papageorgiou, "Example-based object detection in images by component," *IEEE Transactions on Pattern Recognition and Machine Intelligence*, vol. 23, pp. 349–361, 2001.

12. B. Schiele, "Model-free tracking of cars and people based on color regions," *Image and Vision Computing*, vol. 24, no. 11, pp. 1172–1178, 2006.
13. B. Coifman, D. Beymer, P. McLauchlan and J. Malik, "A real-time computer vision system for vehicle tracking and traffic surveillance," *Transportation Research Part C: Emerging Technologies*, vol. 6, no. 4, pp. 271–288, 1998.
14. T. J. Fan, G. Medioni and R. Nevatia, "Recognizing 3-D objects using surface descriptions," *IEEE Transactions on Pattern Analysis and Machine Intelligence*, vol. 11, no. 11, pp. 1140–1157, 1989.
15. J. K. Aggarwal and Q. Cai, "Human motion analysis: a review," *Computer Vision and Image Understanding*, vol. 73, no. 3, pp. 428–440, 1999.
16. I. A. Karaulova, P. M. Hall and A. D. Marshall, "A hierarchical models of dynamics for tracking people with a single video camera," in *Proceedings British Machine Vision Conference*, 2000.
17. M. Yang, K. Leung and Y. E., "First sight: a human body outline labeling system," *IEEE Transactions on Pattern Analysis and Machine Intelligence*, vol. 17, no. 4, pp. 359–377, 1995.
18. Q. Delamarre and O. Faugeras, "3D articulated models and multi-view tracking with physical forces," *Computer Vision and Image Understanding*, vol. 81, no. 3, pp. 328–357, 2001.
19. O. Javed and M. Shah, "Tracking and object classification for automated surveillance," in *European Conference on Computer Vision*, Copenhagen, 2002.
20. D. Comaniciu, V. Ramesh and P. Meer, "Kernel-based object tracking," *IEEE Transactions on Pattern Analysis and Machine Intelligence*, vol. 25, no. 5, pp. 564–577, May 2003.
21. A. Yilmaz, O. Javed and M. Shah, "Object tracking: a survey," *ACM Computing Surveys*, vol. 38, no. 4, 2006.
22. H. T. Nguyen and A. W. M. Smeulders, "Fast occluded object tracking by a robust appearance filter," *IEEE Transactions on Pattern Analysis and Machine Intelligence*, vol. 28, no. 8, pp. 1099–1104, August 2004.
23. C. Rasmussen and G. Hager, "Probabilistic data association methods for tracking complex visual objects," *IEEE Transactions on Pattern Analysis and Machine Intelligence*, vol. 23, no. 6, pp. 560–576, 2001.
24. I. Cox, "A review of statistical data association techniques for motion correspondence," *International Journal on Computer Vision*, vol. 10, no. 1, pp. 53–65, 1993.
25. T. Cham and J. Rehg, "A multiple hypothesis approach to figure tracking," in *IEEE Conference on Computer Vision and Pattern Recognition*, Fort Collins, 1999.
26. R. T. Collins, A. J. Lipton, T. Kanade, H. Fujiyoshi, D. Duggins, Y. Tsin, D. Tolliver, N. Enomoto and O. Hasegawa, "A system for video surveillance and monitoring," Pittsburgh, 2000.
27. S. Julier and J. Uhlmann, "A new extension of the Kalman filter to nonlinear systems," *Proceedings SPIE*, vol. 3068, pp. 182–193, April 1997.
28. H. Hai Bui, S. Venkatesh and G. A. W. West, "Tracking and surveillance in wide-area spatial environments using the abstract hidden Markov model," *International Journal of Pattern Recognition and Artificial Intelligence*, vol. 15, no. 1, pp. 177–195, February 2001.
29. O. King and D. Forsyth, "How does condensation behave with a finite number of samples?," in *European Conference on Computer Vision*, 2000.
30. Y. Dedeoglu, "Moving object detection, tracking and classification for smart video surveillance," 2004.
31. J. Shen, "Motion detection in color image sequence and shadow elimination," *Visual Communications and Image Processing*, vol. 5308, pp. 731–740, 2004.
32. S. S. Cheung and C. Kamath, "Robust techniques for background subtraction in urban traffic video," in *Proceedings SPIE*, 2004.
33. A. Amer, "Voting-based simultaneous tracking of multiple video objects," *IEEE Transactions on Circuits and Systems for Video Technology*, vol. 15, no. 11, pp. 1448–1462, November 2005.
34. A. Amer, "Voting-based simultaneous tracking of multiple video objects," in *SPIE International Conference on Image and Video Communications and Processing*, 2003.

120

35. M. Shah, O. Javed and K. Shafique, "Automated visual surveillance in realistic scenarios," *IEEE Multimedia*, vol. 14, no. 1, pp. 30–39, January 2007.
36. I. Haritaoglu, D. Harwood and L. S. Davis, "W4: real-time surveillance of people and their activities," *IEEE Transactions on Pattern Analysis and Machine Intelligence*, vol. 22, no. 8, pp. 809–830, August 2000.
37. P. Remagnino and G. A. Jones, "Classifying surveillance events from attributes and behaviour," in *British Machine Vision Conference*, Manchester, 2001.
38. J. Connell, A. W. Senior, A. Hampapur, Y. L. Tian, L. Brown and S. Pankanti, "Detection and tracking in the IBM PeopleVision system," in *IEEE International Conference on Multimedia and Expo*, Taipei, 2004.
39. M. Rahimi, R. Baer, O. I. Iroezi, J. C. Garcia, J. Warrior, D. Estrin and M. Srivastava, "Cyclops: in situ image sensing and interpretation in wireless sensor networks," in *International Conference on Embedded Networked Sensor Systems*, New York, 2005.
40. S. Hengstler, D. Prashanth, S. Fong and H. Aghajan, "MeshEye: a hybrid-resolution smart camera mote for applications in distributed intelligent surveillance," in *International Symposium on Information Processing in Sensor Networks*, Cambridge, 2007.
41. C. Stauffer and W. E. Grimson, "Adaptive background mixture models for real time tracking," in *IEEE Computer Society Conference on Computer Vision and Pattern Recognition*, Ft. Collins, 1999.
42. M. A. Najjar, S. Ghosh and M. Bayoumi, "Robust object tracking using correspondence voting for smart surveillance visual sensing nodes," in *IEEE International Conference on Image Processing*, Cairo, 2009.
43. M. A. Najjar, S. Ghosh and M. Bayoumi, "A hybrid adaptive scheme based on selective Gaussian modeling for real-time object detection," in *IEEE Symposium Circuits and Systems*, Taipei, 2009.
44. J. Wood, "Statistical background models with shadow detection for video based tracking," 2007.
45. M. Peura and J. Iivarinem, "Efficiency of simple shape descriptors," in *International Workshop on Visual Form*, 1997.
46. June 2006. [Online]. Available: http://www.cvg.rdg.ac.uk/PETS2006/data.html.
47. M. Piccardi, "Background subtraction techniques: a review," in *IEEE International Conference on Systems, Man and Cybernetics*, The Hague, 2004.

第7章　滞后阈值法

滞后阈值法虽然可以改善目标检测,但很耗费时间,它需要大量内存资源,并且不适用于 VSN(视觉传感器网络)。本章提出一种统一、紧凑的架构,在图像的单通道中将滞后阈值法与连通区域分析和目标特征提取(HT-OFE)相结合。本章开发了两种架构版本:基于像素的高精度架构和以丢失部分精度为代价的基于块的快速架构。与基于队列方案不同的是,HT-OFE 在目标检测完成前,把候选像素当做前景处理,然后再决定是否保留这些像素。动态处理能够提高检测速度,并且能够在处理弱像素和目标特征提取时避免附加通道。此外,重复利用标记使得仅需缓冲一个紧凑行,因此大大减少了内存需求。

7.1　简　　介

视觉传感器节点产生后,诸如配准、融合、检测和跟踪等图像处理任务从在中央枢纽处理转移到在具有图像节点的分布式网络中处理。通过多视角、多模式采集并整合数据,可智能地分析搜索场景[1]。然而,算法在增加鲁棒性和可靠性的同时也增加了设计的复杂性。尤其对于需要实时响应的应用来说,在对软件、硬件的需求上施加了新的约束。考虑到图像节点的资源受限性(有限的电源、内存和处理能力)[2],需要开发复杂性较低但检测质量良好的算法。

在前述章节中,已经提到了一系列用于监控的图像处理算法,这些算法与传统算法相比更轻量、计算复杂度更低。即便如此,这些优化的软件解决方案也不能完全适合资源受限的嵌入式平台。因此,需要综合考虑将优化算法与重要部件的硬件结构结合开发。硬件辅助不仅有助于减轻节点处理的负担,而且可实现高速、实时运算[3-5]。

本章涉及架构方面,目的是回顾一些视觉算法的基本底层运算,并开发适合 VSN 的高效紧凑的架构。这实际上包含了两章内容。本章主要解决滞后阈值问题,以及如何与后续步骤结合,提高算法执行速度。本章重点提出一种新的统一架构,对图像像素执行阈值处理、标记和特征提取。此架构可与第 5 章、第 6 章中所述的检测、跟踪算法结合(例如 HS-MoG 和 BuM-NLV),从而增加它们的延迟[6,7]。第 8 章阐述该架构以及 DT-CWT 的更多硬件设计,DT-CWT 是包括融合和配准在内的图像处理算法中最基本和关键的构件[8-10]。

本章的其余内容安排如下。7.2 节回顾了滞后阈值的主要方案:标记方案和基于队列的方案。7.3 节系统地分析两个 HT-OFE 版本,即基于像素的单程架构和基于块的版本,后者可进一步减少算法运行时间和内存占用量。最后通过仿真实验,验证该算法与常规方案相比的优越性。

7.2 滞后阈值综述

阈值、标记以及特征提取是图像处理应用中基本和底层的运算。尤其是阈值,是帮助从图像背景中辨别目标的基本步骤。阈值将图片转换为二元掩模[11]。背景像素标记为 0,其余像素标记为 1,用于监视系统以及其他分割和视觉应用的前景检测中。正如在第 5 章所述,阈值方法包括简单、快速的单阈值方案,也包括其他计算量较大和更可靠的阈值技术[14]。

滞后阈值可获得更好的连通效果,具有较少的不连续、空洞、断裂部分。滞后阈值是噪声环境下的一种有效的目标检测技术。滞后阈值最初用于著名的 Canny 边缘检测[15, 16],目前已广泛使用在各种目标检测应用中,包括保存古代的手稿[17]、地震故障检测[18]、医疗图像分析[19,20]和监视系统[21,22]。

滞后阈值的主要思路是将连接成分分析(Connected Component Analysis,CCA)的双阈值结合,用于保留弱前景像素。图像像素与两个阈值 Th_{low} 和 Th_{high} 比较。令 $I_t(x,y)$ 为时间 t 在 (x,y) 位置的像素,第一步是将像素分为前景(强)、背景(强)或者候选(弱)像素,具体见式(7.1),即

$$I_t(x,y) = \begin{cases} 前景(强) & 如果 \quad I_t(x,y) > Th_{high} \\ 背景 & 如果 \quad I_t(x,y) < Th_{low} \\ 候选(弱) & 否则 \end{cases} \qquad (7.1)$$

将低于下阈值 Th_{low} 的像素(或者背景差分中的像素差[23])看作背景并将其舍弃。将高于 Th_{high} 的像素看作强前景。其余像素看作候选像素或者弱前景像素。对这些候选像素执行额外的连接部件进行检查,以决定这些像素的最终状态。如果弱像素直接或通过路径与前景相连,则将像素变为前景并保存,否则将其看作背景并将像素舍弃。最后获得具有两个灰度级的二值图像,其中:0 代表背景;1 代表前景。

这个过程尤其是寻找连接路径会消耗时间和内存。因此,在流处理器中应避免使用滞后阈值。在大数据并行图形处理单元(GPU),Folkers 和 Eitel 提出了 Canny 边缘检测,实现不用滞后阈值的检测[24]。此外,Roodt 等在 GPU 平台上实现了类 Canny 边缘检测器,它使用简单的单级阈值而非滞后阈值[25]。

除阈值外,典型监视系统还需建立与图像的额外通道,具体包括用不同数字标记不同连接件以及提取用于跟踪和识别的图像特征。执行这些步骤非常耗

时,目前很少有人利用标记[26]或者基于队列方法[27,28]来改善滞后过程。7.2.1 节将对这两种方法详细说明。

7.2.1　标记方法

标记方法包括图像像素的两个光栅扫描。第一步是利用连续递增的临时性标记标记每个新前景或候选像素。如果有且仅有某两个像素属于同一连接件,则这两个像素具有相同的标记。与此同时,等价表格跟踪具有不同标记的连接像素。利用联合搜索等算法来解决标记等价问题。用最小标记代替临时标记处理连通目标。第二步是读取表信息,将与前景像素相连的候选像素标记为前景。擦除其余候选像素的标记,并将这些像素作为背景。虽然这个过程仅需两次扫描,但解决标记等价的计算量大且耗时[29]。

Trost 和 Zajc 提出了多 FPGA 可重构系统的设计流程,并实现了对应的 Canny 边缘检测器。他们利用两步像素标记方法实现滞后阈值[26]。

Liu 和 Haralick 实现了不同的两步方案[30]。首先,通过阈值法计算出两个图像映射图。利用 Th_{low} 和 Th_{high} 进行阈值处理,得到两幅二值图像 B_{low} 和 B_{high}。然后,B_{low} 中的连接目标终止于 B_{high} 中的连接目标,决定了哪些候选像素需要保留,哪些候选像素可以舍弃。

7.2.2　基于队列的方法

基于队列的方法是一个利用不规则方式扫描图像像素的多通道过程。该方法在第一轮将所有前景像素放入队列,然后将像素取出并查看相邻像素。如果取出的前景像素的某一邻域像素是弱像素,则将这个邻域像素看作强前景像素并推入队列中。再取出并检查下一个强前景像素。对所有图像像素重复这一过程,直到队列为空且没有更多的像素加入时为止。这时,已检查了所有与前景像素相连的候选像素,将其余的候选像素看作背景。

根据上述方法,Neoh 和 Hazanchuk 提出了一种基于 FPGA 的 Canny 检测器[28]。如前所述,这种方法耗时的原因是它需要多个图像像素通道。为了减少计算量,McIvor 修改了扫描先验最大值[27],这便限制了候选扩展的最大值,虽然检测精确度降低但速度更快。

Luo 和 Duraiswami 提出了应用于 CUDA GPU 的基于队列的方法[31]。为了实现检测过程并行处理,他们修改了最大通道数、块分区使得边缘扩散到块边界,这会降低输出质量。Qader 和 Maddix 选取相近的 Th_{low} 和 Th_{high} 值,减少了候选像素的数量,同时也减少了通道的最大值[32]。然而,所有这些改进方法都是以降低质量为代价。

此外,所有这些检测技术需要为整幅图像准备较大的缓冲区和多通道。Geeln 等尝试在一个通道里利用 Xetal IC3D 处理器执行运算[33]。他们利用流分

124

区和基于行分区的方法,无需任何(芯片)全帧存储,可一次性处理三个存储排(行),并利用基于队列的方法确定潜在的像素类型。一旦对这些像素完成分类,便不再访问它们。然后处理三个存储排,直到检查完整个图像为止。虽然这一通道方案看似适合 VSN,但它的检测结果并不太准确。当候选像素落在对应前景像素上时,这种自顶而下扫描图像的方式无法检测已经成为前景目标一部分的候选像素。

7.2.3 结论

尽管滞后阈值具有计算量小的优点,但仍无法在 Cyclops 等有限资源平台上对流图像实现较准确的处理。根据文献[27]可知,滞后过程占算法运行时间的75%。在文献[28]中,Canny 边缘检测器对每个像素大概进行130次运算,其中仅40次用于递归滞后计算。

值得注意的是,在典型的检测和跟踪应用中,继阈值处理之后进行目标标记或至少完成 CCA 和特征提取,如图 7.1 所示。滞后阈值包括双阈值以及 CCA。双阈值处理后得到的样本图像输出包括与背景像素对应的白色方格、与候选像素对应的灰色方格以及与前景像素对应的黑色方格。经过滞后阈值的区域生长后,保留与前景连接的候选像素,并将孤立像素当作背景。然后用一个独特的标记标记像素(此处为一个和二个)。不同目标具有不同数字,需要提取这些不同目标的特征:此时为简单起见给出了目标尺寸特征,利用这些特征可实现目标跟踪和识别。

目前可用的准确滞后阈值方案至少需要对图像扫描两次。标记算法需要额外一次扫描二值图像,并给每个相连部件分配唯一的标记[34]。在最后一个回合(扫描)计算特征。执行所有回合的计算量很大,且运行速度缓慢,这对资源受限的传感器节点是不可接受的。Ma 等引入了在二值图像中动态标记、合并和重新使用标记的概念[35]。动态合并的概念可能有助于解决滞后问题。当然,文献[35]中的工作只是处理二值图像,没有办法区分和处理背景、前景和候选像素。此外,由于最后确定了合并标记,所以不可能动态地对每个候选像素执行连接分析。这需要一种能将所有过程动态地融入一个步骤的统一架构,这样才能节省时间和内存。

表 7.1 总结了文献中提到过的不同滞后应用。大多数方案是通过双通道或者基于队列的多通道处理连接像素。当处理不规则图像时,算法执行速度特别缓慢。有的检测方法限制通道个数,但同时降低了准确度。因此,学者们更倾向于具有有限区域增长的简单双阈值法。此外,有一种在单通道实现所有进程的方案,但也只是对目标简单的逼近。当候选像素是目标一部分,但候选像素在前景像素上时,无法检测到候选像素。尽管滞后阈值具有许多优点,但目前还没有适合在资源有限的平台上处理图像流的方法。因此,现在需要开发一种可以简

化进程且适合 VSN 的紧凑、准确度高的架构。

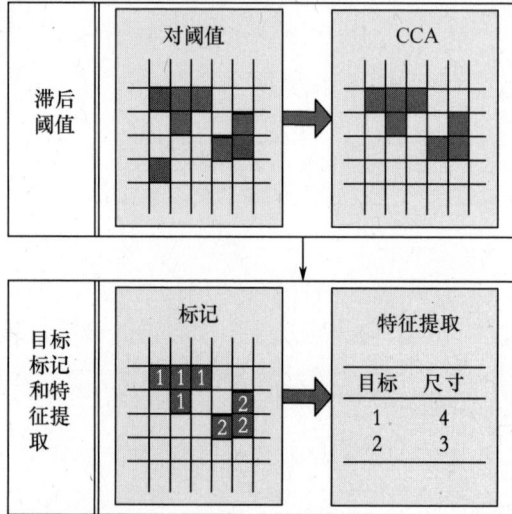

图 7.1 传统的检测与跟踪场景,滞后阈值之后是目标编辑和特征提取

表 7.1 滞后阈值技术比较

参考文献	平台	缓冲	通道	结论
[28]	FPGA	整幅图像	多重图像	执行速度缓慢,但可准确处理不规则像素
[32]	TMS320C67 开发工具包	整幅图像	多重	选择接近的 Th_{low} 和 Th_{high} 来限制候选像素,检测质量较差
[27]	Datacube MaxVideo 处理硬件	整幅图像但固定	多重	修改先验通道的最大值,可以提高执行速度,但准确度降低
[31]	GPU	整幅图像	多重但固定	修改通道的最大值、块分区,使得边缘扩散到块边界,但准确度降低
[26]	FPGA	整幅图像	双重	可准确处理复杂的等效连通像素
[30]	CPU	整幅图像	双重	用两个阈值映射图 B_{low} 和 B_{high} 获得额外的内存缓冲
[33]	Xetal IC3D 处理器	三行	单一	用类似基于队列的方法逼近滑动窗口,但候选像素在前景像素上时无法检测

7.3 HT-OFE：滞后阈值和目标特征提取的统一架构

HT-OFE 是将滞后阈值和目标特征提取结合在一个步骤的新架构。它与单一或多通道中执行阈值处理、标记以及在继发通道中特征提取不同，因此可以节省时间和内存，并解决了在资源有限平台上无法执行阈值处理的瓶颈。很多研究成果都是基于这个思想，研究成果总结如下。

（1）开发了动态执行所有过程的一种基于像素的、紧凑、快速的架构。可同时处理弱像素，并且始终采集目标特征；无需额外的通道重标记像素。此外，在处理完整个图像后，可以发送目标信息。当无延迟地检测完目标时，方案发送单个目标信息，直到检测完整幅图像为止。这样检测速度更快，图像像素可正常存储，但所需内存更少；速度大约提高了 24 倍，内存减少 99%[36]。

（2）设计了一种基于块的变量，可以进一步减少执行时间和内存需求。与基于像素的设计相比，此方法减少了标记数量，减少了标记位数、表格尺寸和内存存储时间的位数。此外，针对每个块而非每个像素执行处理，因此，比较、表格存取、等价求解、决策都减少了几乎一半的 2×1 块，越大的块减少的更多[37]。

（3）采集并定义了不同分辨率和特征下的 133 个综合的现实生活图像的基准。包括了地面实况和阈值的数据库已面向其他研究者们开放，可以用于测试。由于所提架构可用于所有类型的背景建模，因此需要分别验证不同模型下的准确度，而不是用特定背景模型或特定的边缘检测方案。

HT-OFE 是第一个在单一回路中执行滞后阈值、实现特征提取的方法，以节省时间和内存。HT-OFE 的主要步骤概括如下。首先，利用双阈值确定输入像素的像素类型。根据像素、邻域像素以及目标的信息为当前像素分配临时标记、等价处理、更新所需表格，并允许标记重利用或者再循环。在弱像素的处理方面，在目标检测完成前算法都将候选像素当作前景处理，再决定是否保留或丢弃这些目标。采集特征一直贯穿于整个进程。无需额外的通道处理弱像素或提取目标特征。一旦目标检测完成，将无延迟地发送目标信息，直到检测完图像为止。上述方案可以做到以下两点。

（1）与双通道或多通道方案相比，HT-OFE 的内存需求更少和结构更紧凑。原因是：此方法保存一个行缓冲和一些表格而非保存整个图像缓冲；每个表格中记录的入口更少；用于表示像素位置的字节更少。

（2）由于此方案仅需一个通道并且以常规方式存储像素，表格更小使得访问时间更快，节省了整个方案的执行时间。因此，这个方案适合在有限内存的平台上处理流图像。

如图 7.2 展示了整个基于像素的方案框架，该架构以光栅的方式读取图像、处理图像并输出目标特征。基本块包括确定当前像素类型、选择和更新标记、提取目标特征、处理候选像素以及目标检测完成时发送目标信息[37]。下面对每个块进行详细介绍。

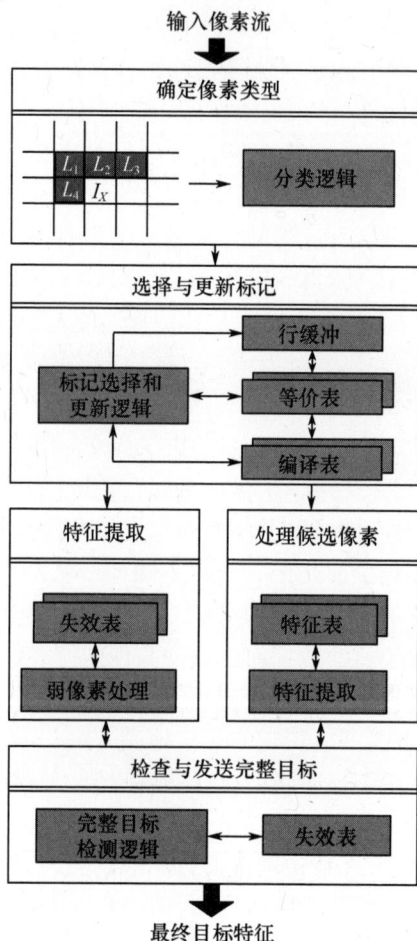

图 7.2 基于像素的 HT-OFE 架构

7.3.1 确定像素类型

第一步是确定当前像素的类型。令 I 为 2-D 图像的 $N \times M$ 的矩阵,L 为像素对应的标记。为了简单起见,令 I_X 表示坐标 $X = (x, y)$ 处的当前像素,而之前是用 $I_t(x, y)$ 表示的,L_X 为像素对应的标记。

以光栅方式从左至右、从上至下扫描图像,但并不保存整个图像,仅将前一行保存在行缓冲区内。系统从输入像素流中每次读取一个像素 I_X。当前像素或像素差利用 Th_{low} 和 Th_{high} 进行双阈值处理,将像素分为前景(F)、背景(B)或候选(C)。

在一些检测应用中,在背景建模比滞后处理更有效,算法具有一定的鲁棒性。算法首先定义了背景建模,而不是将像素灰度值直接与阈值比较。然后,对当前像素和背景模型中对应像素的差进行双阈值处理。由于这一部分重点在于滞后实现,而非效果更佳的背景建模(背景建模方法可参见第 5 章),所以此处利用像素灰度值简化像素分类过程。把低于 Th_{low} 的像素当作背景、把高于 Th_{high} 的像素当作前景。在两阈值之间的像素当作弱候选像素。

根据 I_x 类型采用不同的处理方式。由于只有前景或者候选(F/C)像素才可能是目标的一部分,因此将背景像素标记为 0(丢弃)。然后进一步分析前景或者候选像素并根据邻域像素信息分配标记。

7.3.2　选择和更新标记

第一步是读取 I_x 邻域的标记。这些标记在以下块中使用:选择标记、提取特征和处理候选像素。将上一行的标记保存在行缓冲区 RB 中。由于以光栅的方式扫描图像,此时仅处理图 7.3 所示的邻域像素 I_1、I_2、I_3 和 I_4。当选择 I_x 的标记时,再考虑它们对应的标记 L_1、L_2、L_3 和 L_4。对于每个新像素,从行缓冲区中读取这些标记。一旦选择新标记 L_x,就会丢弃 I_x,将 L_x 反馈给下一个像素 $I(x,y+1)$ 作为新的标记 L_4,而 L_4 之前的值反馈给行缓冲区。直到这一行结束时,行缓冲区包含了处理的行 $row(x)$ 的标记,这些标记是下一行 $row(x+1)$ 中像素新的邻域标记。需要注意的是,第一行以上的邻域像素都是背景。同理,边界上的像素(第一列和最后一列)均这样处理。

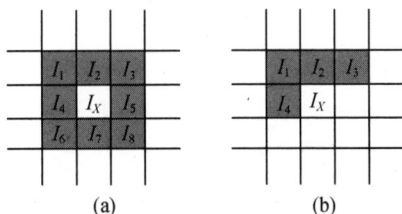

图 7.3 　(a)I_x 像素的八邻域;(b)上方已经扫描的四邻域像素

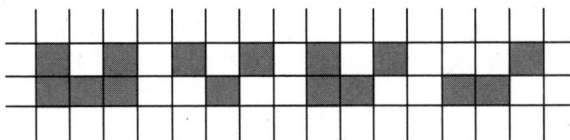

图7.4 　U 型和阶梯型目标,前一行不同的标记必须等价

给每个像素分配一个临时性标记。如果像素的所有邻域像素都是背景,那么将新的目标标记 l 分配给 I_x。l 的初始值是 1,每增加一个新目标,l 的值加 1。如果像素有一个邻域是前景,那么给 I_x 分配前景邻域标记。如果具有不同标记的两个邻域像素都是前景,则选择标记数较小的一个作为前景。此时有必要合

并不同标记的像素(之前不同的目标)合并为一个目标,例如图 7.4 所示的阶梯或"U"形目标。

由于最终目标是提取单个目标特征而不是像素,并且检测过程一直伴随着目标特征采集,所以没有必要重新标记像素,等价标记也是如此。属于同一个目标的同一行中的两个像素可以具有不同的标记,但是必须将他们标记为等价的。换言之,目的并非利用相同数字标记同一个目标的所有像素,而是提取正确的目标特征。因此,之前等价表(Previous Equivalence,PE)和当前等价表(Current Equivalence,CE)分别记录前一行和当前行中的那个目标(标记)是等价的。PE/CE 是通过标记进行索引的一维表格,其中 $CE(L_x)$ 是指当前行中标记 L_x 的等价情况。无论何时分配了新标记,都将此标记的当前等价条目初始化指向标记自己。图 7.4 中需要等价 U 形和阶梯形目标,这两个目标在前一行具有不同标记。当发现两个标记等价时,将最大标记的条目修改为指向最小的一个标记。

需要重点注意的是,通常在典型算法中可能标记的最大数与图像尺寸成正比。所能发生的最坏情形是,每隔一个像素便属于背景,并且每隔一行的像素全属于背景。此时标记最大值计算方法见式(7.2),即

$$\text{标记的最大值} = ceil\left[N \times \frac{M}{4} \right] \tag{7.2}$$

标记循环是减少标记数的一种高效方法。因此,标记最大值变为图像宽度的函数,计算方法见式(7.3),即

$$\text{标记的最大值} = ceil\left[\frac{M}{2} \right] \tag{7.3}$$

这减小了表格大小,节省了更多的内存。标记循环从 1 开始,每行连续增加标记。然而,这有可能将不同行或不同目标的像素标记为相同数字。

为了避免混淆,利用转化表区别具有"再利用"标记的不同目标。当前转化表 CT 是一个一维表,将位于前一行的标记与当前的新值对应。例如,如果 I_x 是当前行 row(x)中的第一个前景像素,位于 I_x 上方的前景邻域像素(I_1, I_2, I_3)标记为'2',则将标记'1'分配给 I_x,将 row($x-1$)的目标'2'转化成 row(x)中的目标'1'并记录在当前转化表 CT 中。这意味着 row($x-1$)的目标'2'扩展到了当前行,但在 row(x)中识别为目标'1'。如果 row(x)中另一个前景像素与 row($x-1$)中的目标'2'相连,则根据它的转化将其标记为'1',之前转化表 PT 主要用来决定目标是否完整。

选择标记 L_x 的过程取决于相邻像素的标记以及等价性和转化值,计算方法见式(7.4),即

$$L_x = \begin{cases} l & \text{如果} \quad L_4 = 0, CT[PE(L_i)] = 0 \quad \forall i \in [1:3] \\ min(CT[PE(L_i)], L_4) & \text{否则} \end{cases} \tag{7.4}$$

如果 I_X 是前景像素,则给它分配一个已存在的标记或一个新标记。如果它的左侧相邻像素 I_4 是背景,并且上方的相邻像素(I_1,I_2,I_3)均是背景或前景,但还没有转化成当前行,则给 I_X 分配一个新标记。无论何时分配了新标记,都将之前等价表中新标记对应的条目初始化为它本身。同样,如果上方的邻域像素是前景并且尚未转化为当前行,则更新邻域像素的转化条目。

对于其余情况,则给 I_X 分配一个已有最小邻域标记。例如,I_4 是前景且/或其上方任一邻域像素是前景,并且已经转化为当前行。此时,对上方邻域像素应该更新成新标记。如果两个邻域像素都是前景(I_1-I_3 或者 I_4-I_3)并且已经转化(I_1 或者 I_3),则需要在指向最小标记的两个相邻像素的行尾,利用合并协议栈更新当前的等价形式。这两个标记都压入堆栈中,通过在堆栈的行尾取出标记的方式跟踪多目标场景[38]。例如:如果发现标记'3'和'2'在某个场景中是等价的,则将它们压入堆栈;如果之后发现'2'和'1'是等价的,也将它们压入堆栈;通过后入先出的方式取出数据,将目标'2'的等价方式修改为指向'1',然后将目标'3'的等价方式修改为指向'2';堆栈末端,'2'和'3'的条目都包含标记'1'。

然后将标记 L_X 反馈到 L_4 以及后续操作块,指出哪些目标特征或错误条目需要更新。

7.3.3 动态提取特征

除了为当前像素选择临时性标记以及更新其相邻像素的标记外,HT-OFE 还允许动态提取目标特征。这样便不需要对图像像素执行多通道,也无需缓冲整幅图像,因此节省了资源。HT-OFE 保留并更新了之前特征表 PE 和当前特征表 CE 两个特征表。特征表是一维表格,通过标记数进行检索,它的宽度与具体应用所需的特征数有关。典型的特征包括目标尺寸、面积和质心等,其他特征还包括边界框、紧凑度或者第 6 章提出的范围测量。此处考虑使用简单的特征,即目标尺寸 S。

当新目标出现时(当前像素是前景,但它的所有相邻像素是背景),记录在当前特征表 CF 中对应条目的目标特征:此时,将目标尺寸初始化为 1 像素。当有新的像素增加到现存目标中时,更新目标特征用以反映这些变化。如果像素的前景相邻像素属于一个目标,则现有目标大小增加 1 像素。如果它的前景相邻像素属于两个不同目标(I_1-I_3 或 I_3-I_4),则将它们合并为一个目标,并且其尺寸变为这两个目标尺寸之和再增加 1,因此需要两次加法。将特征结果写入 CF 的最终标记条目中,即最小标记。需要重点注意的是,从 PF 或者 CF 处读取现有目标尺寸。如果现有目标已经被转化,则从 CF 中读取;如果现有目标没有被预先转化到当前行中,则从之前特征表 PF 中读取。当然通过与当前像素合并,在 CF 中已经增加并更新了目标尺寸,在之前特征表 PF 中对应的条目也必须重置。

7.3.4 处理候选像素

HT-OFE 的优势之一是具有动态处理候选像素的能力。基于队列的方法在第一轮中识别前景像素。仅在发现候选像素与前景相连后,才将候选像素加入到连续回合的前景列表中。此架构同时处理多个弱像素,遵循的方式较为不同。HT-OFE 直接将候选像素当做前景,直到目标检测完成;在该情况下,对于候选像素必须做出是否舍弃的决定。

标记过程以相同方式获得候选像素的数量,这是因为除了前景像素的标记外都需要标记为失效的标记。失效表(Dirty Table,DT)、之前失效表(Previous Dirty,PD)和当前失效表(Cunrent Dirty,CD)分别跟踪在前一行和当前行都是候选像素的目标。这些都是通过目标标记初始化的一维表。当候选像素的新标记被证明在当前失效表中与条目对应,则重新设置标记,除非候选像素的相邻像素中存在前景像素。从之前失效表 PD 或当前失效表 CD 中读取相邻像素的失效字节。如果上方的非背景邻域像素尚未转化,则从 PD 中读取失效字节。对于 L_4 或已经转化的上方相邻像素,则从 CD 中读取数据,当前失效表的计算方法见式(7.5),即。

$$CD[L_X] = \begin{cases} 0 & \text{如果}(I_x \text{ 为 } F) \quad \text{或} \quad \exists i \in [1:3]\text{那么} \\ I_x \text{ 为 } C \text{ 且} \begin{pmatrix} CD[L_4] = 0 & \text{或} \\ PD[PE[L_i] = 0] & \text{或} \\ CD[CT(PE[L_i])] = 0 \end{pmatrix} \\ 1 & \text{否则} \end{cases} \quad (7.5)$$

如果 $CD[L_X] = 1$,那么重新设置它们的失效字节,将把连通的弱相邻像素作为前景。当候选目标包含一个前景像素时,则重新设置目标标记的失效字节,这意味着所有候选目标像素都变成前景。利用这些信息,可在下一步决定是否保留或丢弃目标。如果目标像素全为非强前景像素的候选像素,则忽略这新信息。当检测到目标后,便决定是否保留目标。

7.3.5 发送目标特征

HT-OFE 的另一个特点是处理图像时发送目标信息,并且无需引入额外的循环。所以一旦检测出目标,队列中便存储了目标的标记和特征。根据先前的块信息,目标逻辑检验决定目标是否检测完整。当目标不再增长时(即在新一行中不会覆盖任何额外的像素),目标完成检测。如果当前像素 I_x 为 B,I_2 和 I_4 为 B,I_1 为 F 但没有转化为当前行,并且重新设置了其失效字节,则将目标标记 L_1(及其特征)加入队列。这确保了包含像素 I_1 的目标至少在当前行 row(x)中不包括新像素,但当前行目标可能包含新像素。这意味着只有在处理 $\text{row}(x)$ 时会做出目标是否检测完整的判断。如图 7.5 所示,在 $\text{row}(x)$ 中的目标 2 在 $\text{row}(x+1)$ 中不包含新像素。当处理 I_X 像素时,不能确定目标 2 是否检测完整。需要在处理 $\text{row}(x+1)$ 时,对此确认。

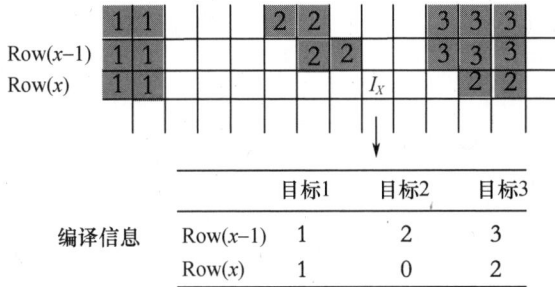

图 7.5 一个完整目标场景的例子

当处理 $\text{row}(x+1)$ 时,读取之前行中目标完整的队列信息。检查队列中的每个目标标记的转化表 PT。如果转化表在之后的行中没有变化,则表示目标已经检测完整,需发送出目标特征,此处特征为 S。完整目标检查逻辑也检验该条件。如果转化表变换,则在之后的 $\text{row}(x)$ 中目标尚未检测完整,因此信息从队列中舍弃。

最后,在 $\text{row}(x)$ 的末尾,所有当前表变为 $\text{row}(x+1)$ 的前表。当处理 $\text{row}(x+1)$ 时,重置并更新当前表。

7.3.6 候选像素的算法演示

图 7.6 显示 HT-OFE 处理图像某一行时处理候选像素的方式。合成图像中的候选像素用灰色表示,前景像素用白色表示,背景像素用黑色表示。选定行 (61,62,63,76) 中的处理像素如下,并且包含了目标标记、尺寸、转化、失效信息以及目标是否完整。在 61 行,检测到 3 个候选目标具有失效位。其中两个候选目标转化到下一行:61 行中的目标 1 映射到 62 行中的目标 1,61 行中的目标 3 映射到 62 行中的目标 2。61 行中的目标 2 不转化到 62 行,即 CT(2)=0。虽然目标 2 是完整的,但由于目标 2 的失效位被设置(所有像素为 C),所以将其舍弃。这个算法的一个重要特征是标记再利用且不产生任何冲突。在 63 行,目标 1(先前的目标 1)和目标 2(先前的目标 3)由于包含更多的候选像素,所以继续作为候选目标。在 76 行,目标 1 开始包含前景像素,因此重置其失效字节,表明此目标中的所有检测像素现在都标记为前景像素。此过程在检测完整幅图像后结束。然而,当目标检测完整并且重置失效位后,则将目标放入完整队列中。当处理下一行时,如果发现目标是完整的,则检验对队列的目标并发送目标信息。

133

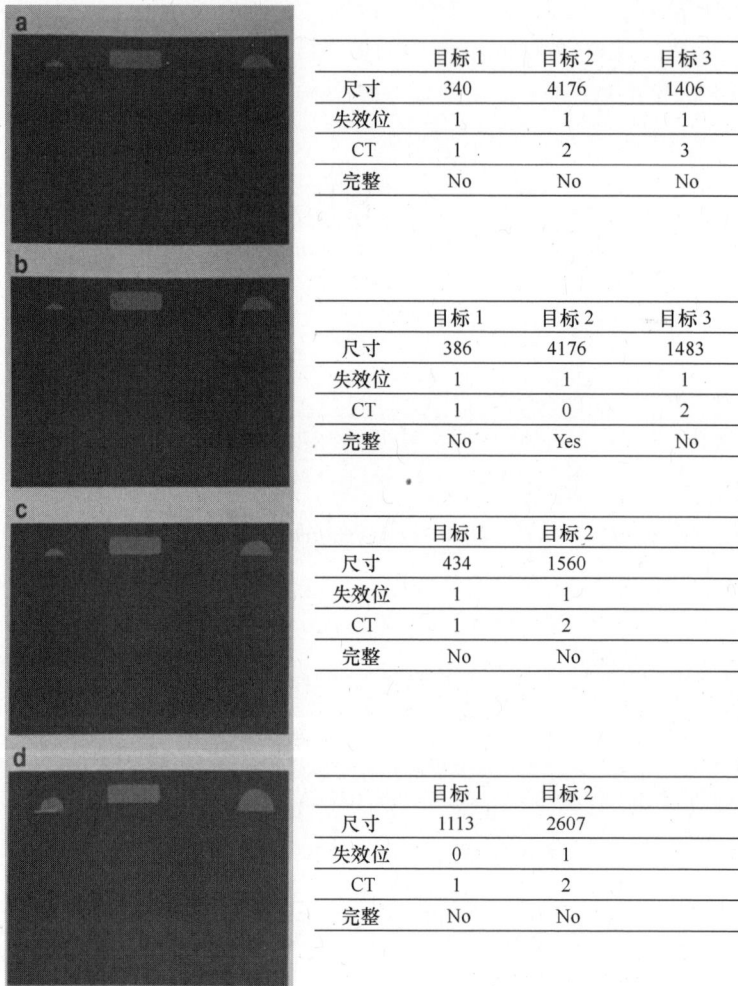

	目标 1	目标 2	目标 3
尺寸	340	4176	1406
失效位	1	1	1
CT	1	2	3
完整	No	No	No

	目标 1	目标 2	目标 3
尺寸	386	4176	1483
失效位	1	1	1
CT	1	0	2
完整	No	Yes	No

	目标 1	目标 2
尺寸	434	1560
失效位	1	1
CT	1	2
完整	No	No

	目标 1	目标 2
尺寸	1113	2607
失效位	0	1
CT	1	2
完整	No	No

图 7.6　处理候选像素的例子

(a)61 行的处理结果；(b)62 行的结果；(c)63 行的结果；(d)76 行的结果。

7.3.7　基于块的 HT–OFE 架构

本节提出基于块的 HT-OFE 架构。在 $2 \times 1, 2 \times 2$ 或 3×3 窗口中的像素直接互相连接。受此启发,本章提出基于块的 HT-OFE 架构。如果像素均非背景,则将它们视为属于同一目标,这样便可快速处理块而非处理像素。其优点包含两个方面。

（1）内存需求至少减少一半。最差情况下标记的数量与基于像素时的情况相比,数量减少一半。因此,表示标记的字节更少,表格更小。由于表格与最差情况的标记数量成正比,故表格的尺寸减半。

（2）运行时间几乎减少一半。由于表格尺寸减小，所以内存存储时间减小，但主要因为 HT-OFE 针对块处理而非针对像素处理。比较过程、表格存储、等价求解以及决策都几乎减少了半个 2×1 块。对于更大的 $b \times 1$ 块（其中 b 表示块的宽度）来说可能减少的更多（减少另外半个 2×2 块）。

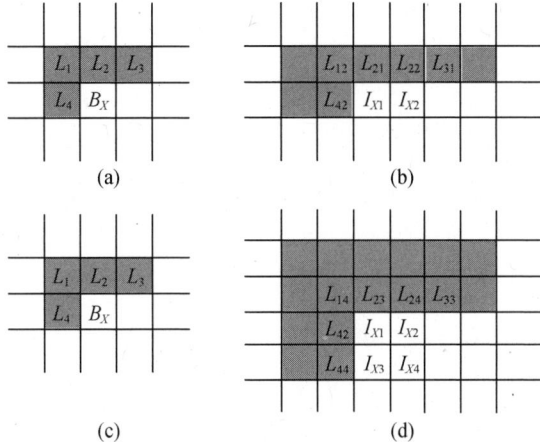

图 7.7　基于块的上方和左侧邻域[37]
(a) 2×1 块；(b) 底层像素标记；(c) 2×2 块；(d) 底层像素标记。

对于资源有限的 VSN 来说，基于块的设计非常具有实用价值。块的尺寸与应用允许的精度有关。如图 7.7 给出了 2×1 和 2×2 块，也可以扩展为更大的块。当然，HT-OFE 是一种精度、计算复杂度和速度的折中方法。采用基于像素的设计，可获得非常好的检测结果。而基于块的设计存在一定的精度损失，但内存需求更小、速度更快。采用 2×1 块比更大块的检测结果更精确。因此，需要按照较大的应用需求和目标尺寸，选择合适的算法和块尺寸。当图像包含大目标（横跨几个块）时只能使用大尺寸块。在这种情况下，精度损失不太显著。为简单起见，下面详细分析 2×1 块。此分析也可用于大尺寸块。

与基于像素的架构类似，基于块的架构包含一个决策单元，该单元根据在邻域级、目标级、块级（非像素级）采集的信息控制标记和特征提取。这个过程确定的是块的类型而非像素 I_X 的类型。确定块类型后，后续处理过程与基于像素方法一样。标记的数量随着 b 增大而减小，计算方法见式（7.6），即

$$标记的最大值 = ceil \left[\frac{M}{2 \times b} \right] \tag{7.6}$$

在两种情况下块属于背景或 B：半数以上的像素属于 B，或者半数像素是 B 并且所有之前连接邻域像素属于 B。下面分析图 7.7(a) 中的 2×1 块 $B_X = \{I_{X1}, I_{X2}\}$。为了确定 B_X 的类型，需要整合在像素 $\{I_{X1}, I_{X2}\}$ 及其邻域像素的信息。如果 I_{X1} 和 I_{X2} 都是 B，则 B_X 属于 B，标记为 0，然后再分析下一块。如果 I_{X1}

和 I_{X2} 都是 F/C,则整个块属于 F/C,然后给块分配一个对应标记。如果 I_{X1} 和 I_{X2} 中仅有一个属于 B,另外一个属于 F/C,并且其中一个块已经处理,则直接连接的邻域像素属于 F/C,B_x 属于 F/C。其余情况下,则将像素视为孤立像素并舍弃,此块标记为 B。此块处理过程具有可舍弃孤立像素的优点。需要注意的是,确定直接相连的邻域像素和块类型的过程需要对 B_x 应用新的连接规则,计算方法见式(7.7),即

$$
B_x \text{连接到} \begin{cases} B_1 & \text{如果 } I_{X1} > T_{low} \text{和} L_{12} \neq 0 \\ B_2 & \text{如果}(I_{X1} \text{或} I_{X2}) > T_{low} \text{和}(L_{21} \text{或} L_{22}) \neq 0 \\ B_3 & \text{如果 } I_{X2} > T_{low} \text{和} L_{31} \neq 0 \\ B_4 & \text{如果 } I_{X1} > T_{low} \text{和} L_{42} \neq 0 \end{cases} \tag{7.7}
$$

这意味着如果 I_{X1} 是块中唯一属于 F/C 的像素,则检验直接连接的邻域像素块 B_1、B_2 和 B_4。如果 I_{X2} 是块中唯一属于 F/C 的像素,则检验直接连接的邻域像素块 B_2 和 B_3。按照这个逻辑,可确定出 B_X 的类型,如表 7.2 所列。当确定了 B_X 的类型,便可执行上述提到的标记和特征提取过程。需要注意的是,无论目标特征何时更新,都需要考虑块中所有属于 F/C 的像素信息。

表 7.2 基于像素的块类型及邻域信息[37]

I_{X1}	I_{X2}	L_{12}	L_{21}/L_{22}	L_{31}	L_{42}	B_X
B	B	—	—	—	—	B
F	F/C	—	—	—	—	F
F/C	F	—	—	—	—	F
C	C	—	—	—	—	C
F/C	B	F/C	—	—	—	F/C
F/C	B	—	F/C	—	—	F/C
F/C	B	—	—	—	F/C	F/C
F/C	B	B	B	—	B	B
B	F/C	—	F/C	—	—	F/C
B	F/C	—	—	F/C	—	F/C
B	F/C	—	B	B	—	B

7.3.8 仿真结果

在 MATLAB 中实现 HT-OFE 后,将其检测准确度与目前较先进的目标检测技术对比,并获得初步定时结果。实现方法包括更精确且适用的结构、多通道[28]和双通道[30],以及 Geelen 等首次所尝试的单通道。

实验过程描述如下。首先,读取图像并将其转化为灰度图像。对于多通道[28]、双通道[30]或单通道[33],图像执行 4 个连续步骤:利用双阈值确定像素类型;利用滞后处理获得二值图像(可以是多通道);标记前景目标;提取目标特

征。最终输出的是前景像素的总数。HT-OFE 同时执行这些步骤,并且输出检测的前景像素最终数量。由于双通道和多通道是检测所有实际前景像素的方法,它们的结果可作为参考或地面实况。通过将最终前景数量与地面实况比较的方式以及分别确定二者检测误差的方式,验证其余方法的准确性。

下面用一组包含 133 张结构化和非结构化的合成图像以及现实生活中的真实图像构成数据集来研究 HT-OFE 的准确度、性能以及滞后的可扩展性。这 133 张图片具有不同的分辨率、目标数量、形状和尺寸。在数据集中选择具有简单背景的图像,因此直接利用双阈值方法,可以轻松获得图像的前景;在滞后步骤之前无需使用任何背景建模方法。这样可以验证滞后实现的准确性,而无需执行完整个面部识别、Canny 边缘检测或目标识别过程才验证。本组实验数据并不都是简单背景,通过实验采集并定义的数据集图像包含 80 张合成图像和 53 张现实生活中的图像。将合成图像分为两个各包含 40 张图像的数据子集数据集。第一组数据子集图像含有规则的几何图形目标,例如矩形和圆。第二组数据子集图像含有不规则形状的目标,主要是数字和文字。每一组图像都根据分辨率($480 \times 760, 480 \times 640, 288 \times 352, 144 \times 176$)分为 4 个小组。为了增加实验的可信度,对于选出的具有简单背景的 53 张现实生活中采集的图像,又将其分为两个数据子集:第一组数据子集是来自伯克利分割数据集和基准的 7 张图像;第二组数据子集是网上搜集的 46 张图像。实际上,分割数据集能够快速准确验证目标特征提取后的滞后阈值。文献[37]表明通过分割数据集,所有图像、关联阈值、地面实况数据等都能重新产生新的检测结果。

图 7.8(a)和表 7.3 显示合成 VGA 图像检测的结果,该图像包含 9 个用数字标记的不同形状、颜色的目标,其中:4 个是完全强前景目标(4、5、6 和 9);2 个是具有候选像素的前景目标(3 和 7);3 个是完全是候选像素的目标(1、2 和 8),且必须作为背景。图 7.8(b)为双阈值处理后的像素类型,其中前景像素是白色,候选像素是灰色。图 7.8 是利用双通道和多通道方法获得的最终实际目标(3、4、5、6、7 和 9)。图 7.8(d)~(f)为利用 Geelen 的单通道方法、基于像素方法和基于块方法的检测结果。基于队列的方法可以检测完整的目标,如表 7.3 所列,但是需要在 290s 内对图像像素进行多次扫描。双通道检测所有前景目标的像素可使计算时间减少到 138s。单通道可将运行时间减少到将近 2s,但是无法检测目标 3 和目标 7 中位于前景像素上的候选像素(目标 7 中的 18427 个像素中只检测到 10390 个)。所提出的基于像素的检测方法在准确度上与双通道和多通道方案接近,可以检测到所有目标特征,但运行时间减少到 5s。基于块的结构方案甚至可以提速到 3s。

图 7.9 为现实生活中图像的检测结果。在使用双阈值后,利用上述方案检测前景像素的相应数量,最后得到检测结果。改进后的基于像素的检测方案略高于 Geelen 的方法。

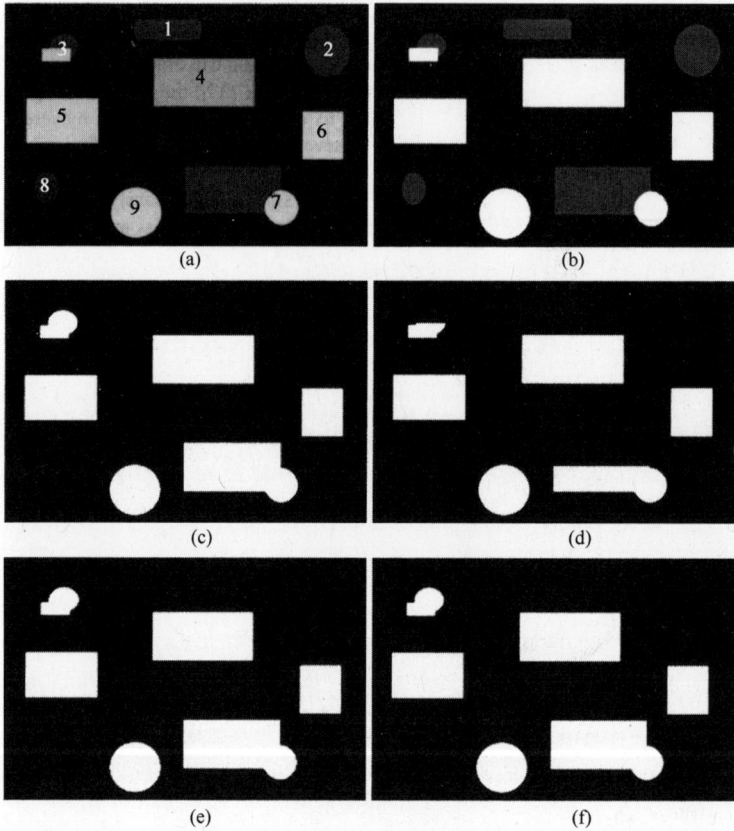

图 7.8　检测目标的多种方法

(a)原图像；(b)双阈值后的输出(背景像素是黑色,候选像素是灰色,前景像素是白色)；
(c)双通道和多通道检测目标；(d)Geelen 方法检测目标；(e)基于像素方法的检测目标；
(f)基于块方法的检测目标。

表 7.3　不同技术方法的目标大小检测

目标	多通道	双通道	Geelen	基于像素	基于块
3	2755	2755	1645	2755	2753
4	17278	17278	17278	17278	17278
5	11430	11430	11430	11430	11429
6	7008	7008	7008	7008	7007
7	18427	18427	10390	18427	18427
9	6994	6994	6994	6994	6992

如果候选像素在前景像素上,Geelen 方法的检测估计有可能丢失目标中整个候选部分。如图 7.9(g)所示,在 44390 前景像素中仅检测出 41006 像素。不论候选像素在哪,基于像素的 HT-OFE 都可以检测到所有与强前景像素连接的

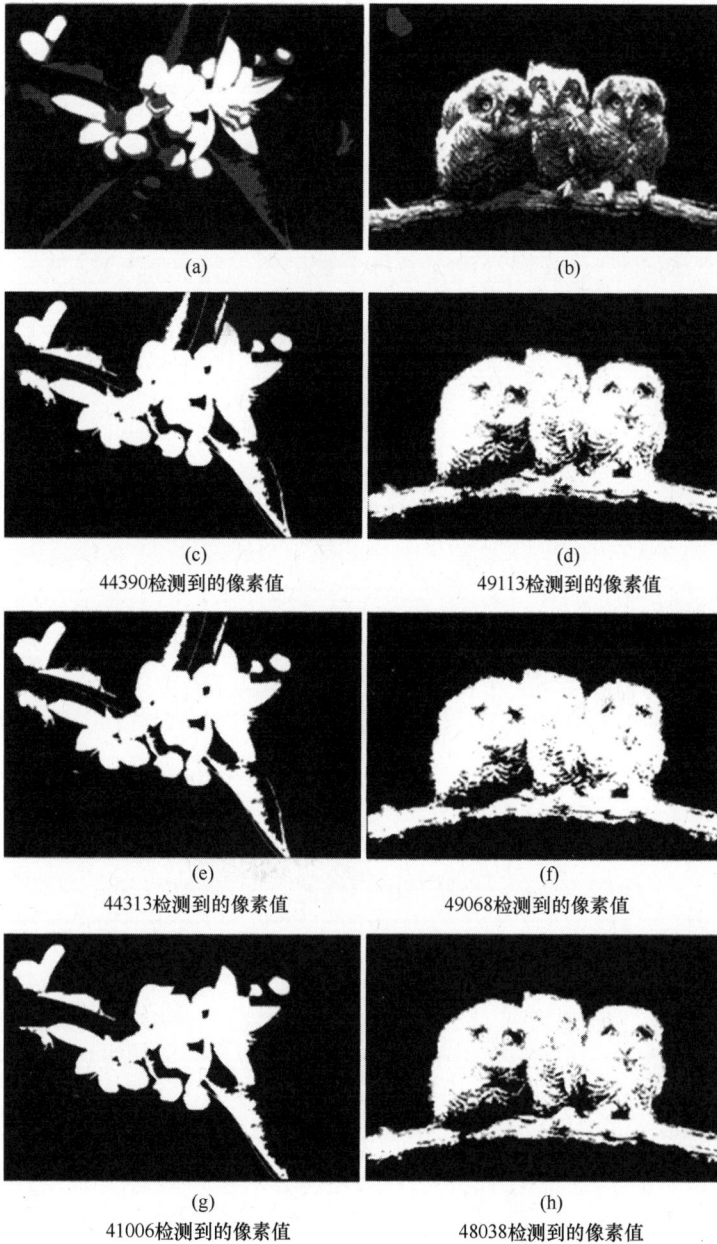

(a)　　　　　　　　　　　　(b)

(c)　　　　　　　　　　　　(d)

44390检测到的像素值　　　　　49113检测到的像素值

(e)　　　　　　　　　　　　(f)

44313检测到的像素值　　　　　49068检测到的像素值

(g)　　　　　　　　　　　　(h)

41006检测到的像素值　　　　　48038检测到的像素值

图 7.9　生活图像目标检测

（a），（b）双阈值后选择图像的输出为花和鸟[39]；

（c），（d）用双通道、多通道、基于像素方法的最后输出；

（e），（f）用基于块方法的最后输出；（g），（h）用 Geelen 方法的最后输出。

139

候选像素。实际上，双通道、多通道以及基于像素的 HT-OFE 是准确实现滞后处理的三种不同方法。它们处理图像中的所有像素，在目标完整后输出最终结果，不会丢失相连的邻域像素，因此不会产生因丢失像素导致的误差。另外，Geelen 的单通道和基于块的架构是该过程的估计，算法执行速度甚至比基于像素的方法更快并且内存需求更低，但是算法准确度下降。基于块的算法由于可能丢失或增加一些边界像素，所以检测准确度降低。但是与 Geelen 估计可能丢失目标的某个部分不同，基于块的方法不会破坏目标的整体形状或大小。采用基于块的方法时，所有实验(133 张实际生活的图像和合成图像)的平均检测误差是 1.2%，而 Geelen 的方法是 4.5%。

关于 HT-OFE 的两个版本，可得到如下结论：基于像素的检测方法非常精确，几乎不产生误差；根据目标的形状、大小不同，基于块的方法会产生不同的准确度损失。对于大目标或几何形状的目标来说，两种版本都能得到较好的检测结果。随着目标尺寸变小，基于块方法的检测过程会产生更多误差。如图 7.10 (a)为前景像素检测的误差随目标尺寸大小的变化。对于大目标(超过 10000 像素)产生 0.1% 的误差，对于不规则形状的小目标(100 像素左右)产生 2.5% 的误差。从图 7.10(b)中可看出，对于规则形状的目标来说，检测目标像素的误差甚至低于 0.35%。显然，在检测包含大目标的图像时，基于块的方法是理想的选择。对于小目标来说，则更适合用基于像素的方法。

下面分析时间和内存需求之间的关系。如表 7.4 所列总结了精确方法和 HT-OF 以位为单位的总内存使用情况。在两通道和多通道方法中标记的最大量与图像尺寸有关，即 $ceil[(N \times M)/4]$。因此，需要用 $b_1 = ceil[\log_2(N \times M) - 2]$ 位表示每个标记。多通道需要一个缓冲区来保存整个图像($N \times M \times ceil[\log_2(N \times M) - 2]$)，以及一个队列来存储前景像素($0.25 \times N \times M \times b_1$ 位)，因此总数为 $1.25 \times N \times M \times ceil[\log_2(N \times M) - 2]$ 位。双通道需要两个图像缓冲区分别用于 B_{low} 和 B_{high} 以及一个等价表($0.25 \times N \times M \times b_1$ 位)，因此总共是 $2.25 \times N \times M \times ceil[\log_2(N \times M) - 2]$ 位。对于 HT-OFE 来说，对基于像素和基于块的循环标记分别为 $ceil[(M)/2]$、$ceil[(M/2 \times b)]$，因此标记的最大数下降。基于像素和基于块的每个标记的对应位数分别为 $b_2 = ceil[\log_2(M) - 1]$ 和 $b_3 = ceil[\log_2(M/b) - 1]$。

与前述的保存整个图像方法相比，HT-OFE 对于以下每个部分都只需保存一行和两个表：等价、失效、转化以及特征。每个标记的字节更少，而且只需保存一行，而非保存整幅图像。对于基于像素的 HT-OFE，上述提到的表包含 $M/2$ 个位置。失效表中每个条目都是 1 位，等价表和转化表的条目是 b_2 位。特征表的大小与特征类型有关。特征越复杂所需的字节数越多。在每一行解决堆栈和完整的队列，深度分别为 $M/2$ 和 $M/4$。对基于像素和基于块的方法来说，在堆栈和队列中每个条目分别是 $2 \times b_2$ 位、$b_2 + f$ 位。因此，字节总数是 $4.25 \times M \times$

140

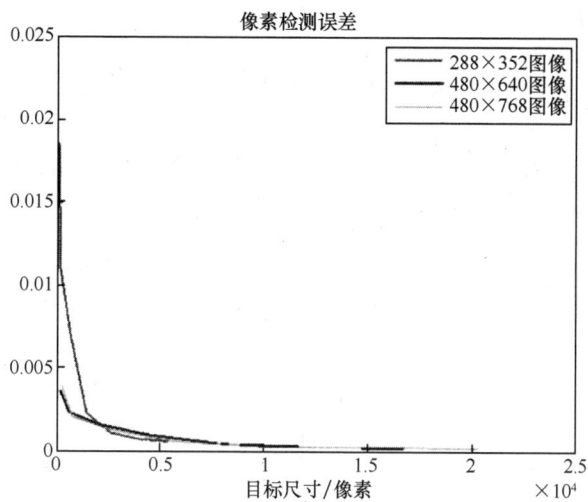

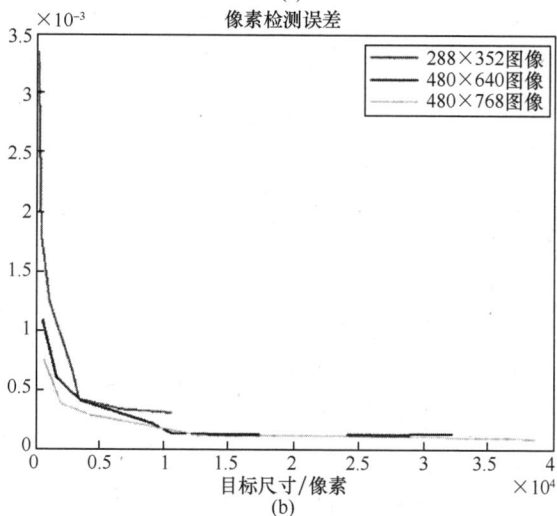

图 7.10 基于块架构的像素检测误差是目标尺寸和图像大小的函数
(a)合成数据库中不规则目标；(b)合成数据库中的几何目标。

表 7.4 总内存比较 　　　　　　　单位:位

	字节数总量/图像
双通道	$2.25 \times N \times M \times ceil[\log_2(N \times M) - 2]$
多通道	$1.25 \times N \times M \times ceil[\log_2(N \times M) - 2]$
基于像素	$4.25 \times M \times ceil[\log_2(M) - 1] + M \times (1.25 \times f + 1)$
基于块	$4.25 \times ceil(M/b) \times ceil[\log_2(M/b) - 1] + ceil(M/b) \times (1.25 \times f + 1)$

$ceil[\log_2(M)-1]+M\times(1.25\times f+1)$。对于基于块的 HT-OFE 来说,表格有 $M/2b$ 个位置。失效表的每个条目为 1 位,等价表和转化表是 b_3 位。在每一行求解堆栈和完整的队列,深度分别为 $M/2b$ 和 $M/4b$。在堆栈和队列中的每个入口分别具有 $2\times b_3$ 位和 b_3+f 位。因此,字节总数为 $4.25\times ceil(M/b)\times ceil[\log_2(M/b)-1]+ceil(M/b)\times(1.25\times f+1)$。

表 7.5 为 VGA 图像(480×640)在最坏情况下字节总数的状况。利用双通道和多通道的标记总量为 76800,因此每个标记补偿 17 位。双通道和多通道的字节总数分别变为 11750400 位和 6528000 位。

表 7.5　最坏情况下 VGA 图像的内存比较　　　　　单位:位

	双通道	多通道	基于像素	基于块
图像/行缓存	10444800	5222400	5760	2560
等效表	+1305600		5760	2560
失效表			640	320
转换表			5760	2560
合并堆栈			5760	2560
强队列		1305600		
完整队列			4480	2160
特征表			12160	6080
整体内存	11750400	6528000	40320	18800

另外,基于像素的 HT-OFE 标记总数可减少到 320,仅需 9 位。基于块的 HT-OFE(2×1 和 2×2 块)标记总数减少到 160,因此需要 8 位。对于更大的块还可进一步减少内存。对于基于像素的 HT-OFE,这些表包含 320 个位置(基于块的 HT-OFE 为 160 个位置);等价表和转化表的每个位置是 9 位(8 位),失效表为 1 位,特征表是 19 位。堆栈和完整目标的队列深度分别为 320(160)和 160(80)。基于像素和基于块的 HT-OFE 的总内存需求分别为 40320 和 18800。值得注意的是:基于双通道和多通道的内存分析不包含任何特征表;HT-OFE 提供了额外特征提取,但减少了近 99% 的内存。

在调整图像的宽度和大小的情况下,与双通道和多通道相比,一元化技术在最坏情况下的内存需求依然非常小。图 7.11(a)为上述方案所需的内存需求,单位为位(用对数刻度表示)。内存需求的不同以及扫描次数的不同,对相应的算法运行速度影响很大。两种 HT-OFE(基于像素和基于块)比目标先进的准确检测算法速度更快。图 7.11(b)为采用所提方法与相关准确检测方案在提速方面的对比,计算公式见式(7.8),即

$$提速 = t_{\text{stae of the art}}/t_{\text{proposed}} \tag{7.8}$$

式中:$t_{\text{state of the art}}$ 为双通道和多通道方案的平均运行时间;t_{proposed} 为基于像素和基

142

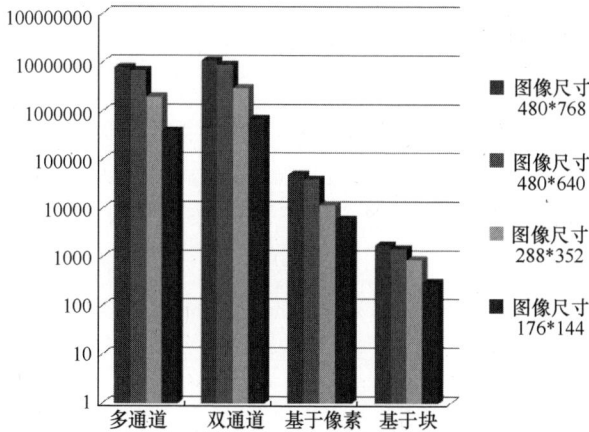

(a) 内存和图像大小对比

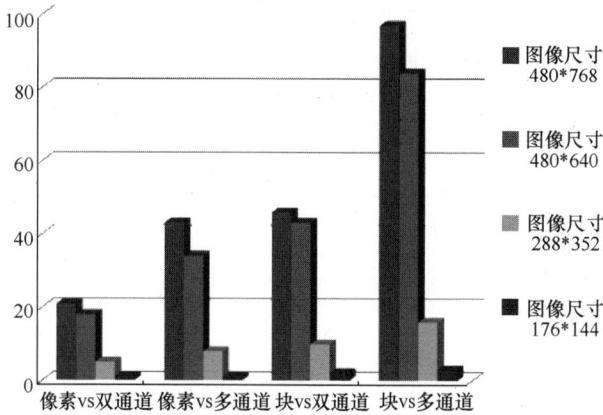

(b) 速度与图像大小对比

图 7.11　图像尺寸大小与内存、提速对比

（a）当图像大小变化时最坏情况下的内存对比；

（b）对不同图像分辨率采用所提方法与双通道和多通道方法提速对比。

于块方式的平均运行时间。考虑到图像的尺寸问题,扫描图像和存储表格、缓冲的时间变得非常重要,因此研究可提速的方法是一个重点。基于像素的方法分别是双通道和多通道速度的 13 倍和 24 倍。基于块的方法分别双通道和多通道的 27 倍和 52 倍。

参 考 文 献

1. Z. Zhu and T. S. Huang, Multimodal surveillance: sensors, algorithms, and systems, Artech House, 2007.
2. Y. Charfi, B. Canada, N. Wakamiya and M. Murata, "Challenging issues in visual sensor networks," *IEEE Wireless Communications*, pp. 44–49, 2009.
3. M. Rahimi, R. Baer, O. I. Iroezi, J. C. Garcia, J. Warrior, D. Estrin and M. Srivastava,

"Cyclops: in situ image sensing and interpretation in wireless sensor networks," in *International Conference on Embedded Networked Sensor Systems*, New York, 2005.

4. B. Tavli, K. Bicakci, R. Zilan and J. M. Barcelo-Ordinas, "A survey of visual sensor network platforms," *Multimedia Tools and Applications*, vol. 60, no. 3, pp. 689–726, 2011.

5. M. A. Najjar, S. Karlapudi and M. Bayoumi, "High-performance ASIC architecture for hysteresis thresholding and component feature extraction in limited-resource applications," in *IEEE International Conference on Image Processing*, Brussels, 2011.

6. M. A. Najjar, S. Ghosh and M. Bayoumi, "A hybrid adaptive scheme based on selective Gaussian modeling for real-time object detection," in *IEEE Symposium Circuits and Systems*, Taipei, 2009.

7. M. A. Najjar, S. Ghosh and M. Bayoumi, "Robust object tracking using correspondence voting for smart surveillance visual sensing nodes," in *IEEE International Conference on Image Processing*, Cairo, 2009.

8. M. Ghantous, S. Ghosh and M. Bayoumi, "A multi-modal automatic image registration technique based on complex wavelets," in *International Conference on Image Processing*, Cairo, 2009.

9. M. Ghantous, S. Ghosh and M. Bayoumi, "A gradient-based hybrid image fusion scheme using object extraction," in *IEEE International Conference on Image Processing*, San Diego, 2008.

10. M. Ghantous and M. Bayoumi, "MIRF: A Multimodal Image Registration and Fusion module based on DT-CWT," *Springer Journal of Signal Processing Systems*, vol. 71, no. 1, pp. 41–55, April 2013.

11. R. Jain, R. Kasturi and G. B. Schunk, Machine vision, McGrawhill Int. Editions, 1995.

12. T. Abak, U. Baris and B. Sankur, "The performance of thresholding algorithms for optical character recognition," in *International Conference on Document Analysis and Recognition*, 1997.

13. J. Moysan, G. Corneloup and a. T. Sollier, "Adapting an ultrasonic image threshold method to eddy current images and defining a validation domain of the thresholding method," *NDT & E International*, vol. 32, no. 2, pp. 79–84, 1999.

14. M. Sezgin and B. Sankur, "Survey over image thresholding techniques and quantitative performance evaluation," *Journal of Electronic Imaging*, vol. 13, no. 1, pp. 146–168, 2004.

15. J. Canny, "A computational approach to edge detection," *IEEE Transactions on Pattern Analysis and Machine Intelligenve*, vol. 8, no. 6, pp. 679–698, November 1986.

16. P. Meer and B. Georgescu, "Edge detection with embedded confidence," *IEEE Transactions on Pattern Analysis and Machine Intelligence*, vol. 23, no. 12, pp. 1351–1365, December 2001.

17. R. Estrada and C. Tomasi, "Manuscript bleed-through removal via hysteresis thresholding," in *International Conference on Document Analysis and Recognition*, Barcelona, 2009.

18. W. K. Jeong, R. Whitaker and M. Dobin, "Interactive 3D seismic fault detection on the graphics hardware," in *International Workshop on Volume Graphics*, 2006.

19. A. Niemisto, V. Dunmire, I. Yli-Harja, W. Zhang and I. Shmulevich, "Robust quantification of in vitro angiogenesis though image analysis," *IEEE Transactions on Medical Imaging*, vol. 24, no. 4, pp. 549–553, April 2005.

20. S. H. Chang, D. S. Shim, L. Gong and X. Hu, "Small retinal blood vessel tracking using an adaptive filter," *Journal of Imaging Science and Technology*, vol. 53, no. 2, pp. 020507–020511, March 2009.

21. T. Boult, R. Micheals, X. Gao and M. Eckmann, "Into the woods: visual surveillance of non-cooperative camouflaged targets in complex outdoor settings," *Proceedings of the IEEE*, vol. 89, no. 10, pp. 1382-1402, October 2001.

22. I. Cohen and G. Medioni, "Detecting and tracking moving objects for video surveillance," in *IEEE Proceedings Computer Vision and Pattern Recognition*, Fort Collins, 1999.

23. A. M. McIvor, "Background subtraction techniques," in *Image and Vision Computing New Zealand*, Hamilton, 2000.

24. C. Folkers and W. Ertel, "High performance real-time vision for mobile robots on the GPU," in *International Workshop on Robot Vision, in conjunction with VISAPP*, Barcelona, 2007.

144

25. Y. Roodt, W. Visser and W. Clarke, "Image processing on the GPU: Implementing the Canny edge detection algorithm," in *International Symposium of the Pattern Recognition Association of South Africa*, 2007.

26. A. Trost and B. Zajc, "Design of real-time edge detection circuits on multi-FPGA prototyping system," in *International Conference on Electrical and Electronics Engineering*, 1999.

27. A. M. McIvor, "Edge recognition using image-processing hardware," in *Alvey Vision Conference*, 1989.

28. H. S. Neoh and A. Hazanchuk, "Adaptive edge detection for real-time video processing using FPGAs," in *Global Signal Processing*, 2004.

29. A. Rosenfeld and J. L. Pfaltz, "Sequential operations in digital picture processing," *Journal of the ACM*, vol. 13, no. 4, pp. 471–494, 1986.

30. G. Liu and R. M. Haralick, "Two practical issues in Canny's edge detector implementation," in *International Conference on Pattern Recognition*, 2000.

31. Y. Luo and R. Duraiswami, "Canny edge detection on NVIDIA CUDA," in *IEEE Computer Society Conference on Computer Vision and Pattern Recognition Workshops*, 2008.

32. I. A. Qader and M. Maddix, "Real-time edge detection using TMS320C6711 DSP," in *IEEE Electro/Information Technology Conference*, 2004.

33. B. Geelen, F. Deboeverie and P. Veelaert, "Implementation of Canny edge detection on the WiCa smartcam architecture," in *ACM/IEEE Conf. Distributed Smart Cameras*, 2009.

34. K. Suzuki, I. Horib and N. Sugi, "Linear-time connected-component labeling based on sequential local operations," *Computer Vision and Image Understanding*, vol. 89, no. 1, pp. 1–23, January 2003.

35. N. Ma, D. G. Bailey and C. T. Johnston, "Optimized single pass connected component analysis," in *International Conference on ICECE Technology*, 2008.

36. M. A. Najjar, S. Karlapudi and M. Bayoumi, "A compact single-pass architecture for hysteresis thresholding and component labeling," in *IEEE International Conference on Image Processing*, Hong Kong, 2010.

37. M. A. Najjar, S. Karlapudi and M. Bayoumi, "Memory-efficient architecture for hysteresis thresholding and object feature extraction," *IEEE Transactions on Image Processing*, vol. 20, no. 12, pp. 3566–3579, December 2011.

38. C. T. Johnston and D. G. Bailey, "FPGA implementation of a single pass connected component algorithm," in *IEEE International Symposium on Electronic Design, Test and Applications*, 2008.

39. J. D. Martin, C. Fowlkes, D. Tal and J. Malik, "A database of human segmented natural images and its application to evaluating segmentation algorithms and measuring ecological statistics," in *IEEE International Conference on Computer Vision*, 2001.

145

第 8 章　关键部件的硬件架构辅助

虽然图像处理的软件和硬件均有改进,但是大多数的精确图像处理算法仍然包含部分计算。特别是当有实时反馈需求时,这些关键部分就成了瓶颈。专用硬件解决方案的开发可以加快关键部分的计算并处理低级运算。本章提出两种硬件架构来补充前面章节所讨论的图像处理算法。第一种是针对滞后阈值和目标特征提取的一种快速且紧凑的 ASIC 架构。第二种是针对基于离散小波变换的图像分解的一种有效的硬件实现方法。与它们对应的软件相比,两种架构展示了较高的性能,因此有助于减轻处理任务的负担。

8.1　简　　介

本章着眼于前述章节所提算法里的某些重要部分,这些部分对处理速度、内存需求影响较大,同时也是许多其他算法和应用的基础,主要包括以下内容。

(1) 滞后阈值。在存在噪声的情况下,它是一种有效方法,可实现较好的目标连接,且中断较少。滞后阈值应用广泛,包括目标检测[1,2]、边缘检测[3]、保存古代手稿[4]、地震断层检测[5]以及医疗图像分析[6]等。然而,滞后阈值的递归性需要消耗时间、占用内存。在有限资源的流硬件中经常不使用滞后阈值。几乎所有方法都需要较大的缓冲区和一些通道处理图像像素,这会导致第 4 代监控系统(嵌入式智能监控)场景中产生停滞。

(2) 离散小波变换。自提出以来,离散小波变换便应用于早期信号和图像处理算法中[7]。离散小波变换(DWT)的应用范围包括信号编码[8]、数据压缩[9]、生物医学成像[10]以及无线通信[11]。它比离散余弦变换和离散傅里叶变换等经典方法更优越,原因是它在时域和频域中采用方向性的、多分辨率的信号分析。用 Mallet 算法和一维滤波器可以分解二维信号(图像)。然而,二维 DWT 需要卷积和乘法等大计算量的运算。因此,这个问题成为实现实时处理的瓶颈。

本章的贡献可分为两部分。

(1) 第 7 章对滞后阈值和目标特征提取提出两种高性能 ASIC 原型的结构[13]:一种是小面积常规设计;一种是小面积增加的流水线设计[14]。虽然在 FPGA 或 ASIC 上执行传统的算法时实现了加速,但这种结构还具有其他优点,即滞后处理适应性强并且由于资源有效性可直接映射到硬件。这两种设计能够分别以 155、460 帧/秒的速度在约束环境下实时处理 VGA 图像。这有利于HS-MoG、BuM-NLV 以及其他算法[15,16]。

（2）对基于 Haar 变换的二维 DWT 提出并行、流水线的高效结构，记为P^2E-DWT[17]。开发架构中的并行机制是通过基于模块处理的新图像扫描实现的。一个 $2 \times 2n$ 模块按行处理时遵循流水线方式的下一周期中对 $2 \times n$ 模块按列处理。此外,这种结构用加法/平移模块取代并减少了乘法器,因此最小化了一个时钟周期内需要的硬件和处理。结合了隐含降采样的少量乘法运算,使得该结构适合资源有限的嵌入式平台。在包括融合和匹配在内的图像处理步骤中,这是基本且关键的部分[7,18,19]。

本章的其余部分安排如下。8.2 节阐述了第 7 章中所提 HT-OFE 架构的快速而紧凑的硬件设计。这种新架构结合了滞后阈值、目标标记和特征提取。8.3 节概述了二维 DWT 的硬件架构和仿真。

8.2　紧凑的 HT-OFE 硬件

第 7 章所给架构的特点之一是滞后处理适用性强且直接映射到硬件。此研究的主要目标是为处理流图像(小或大的全 HD 图像)提供快速而紧凑的架构,甚至可应用在资源受限的平台上。实际上,有三种选择可以考虑:GPU[20]、FPGA[21]和 ASIC 实现方案[22]。表 8.1 总结了三种方法间的主要差异以及每种方法的主要优点和缺点。

表 8.1　GPU、FPGA、ASIC 比较

GPU	FPGA	ASIC
开发时间更短	开发时间长	开发时间最长
易于设计	较难设计	设计很难
高功耗	功耗比 GPU 小	功耗最低
开销最低	低 NRE 开销	高 NRE 开销
高性能并行化代码	每单元开销高	每单元开销低
模块内通信的改进有限	高性能,扩展能力受限	性能最高
	设计大小受限	支持大的、复杂的设计

GPU 是单指令多数据(Single Instruction Multiple Data,SIMD)计算设备[23]。它们并行处理的特点具有加速应用的巨大潜力。将线程组织成模块,许多模块可在单核执行时启动。虽然通过 GPU 微处理器共享内存的方式使线程间的模块内通信成为可能,但是模块间的通信是不可能的[23]。因此,并不是所有算法都适合这类实现方案。当在 GPU 上实现时,算法在展现模块间数据依赖方面表

现欠佳。

与 FPGA 和 ASIC 相比,GPU 的优点是低成本且易编程,尽管耗电量可能会很高,而基于串行处理的改进方法会更高,如滞后阈值方案。在不同线程或着色器上不能并行处理不同像素(或像素模块),原因是它依赖于临近着色器上的数据。不同着色器间的数据通信需要多通道方案,因此违背了"单通道方法"的目的。与 GPU 相比,FPGA 具有实现更高性能、更低耗电量的巨大潜能。然而由于缺乏高效且高级的并行 FPGA 语言编译流程,这样的实现方案需要具有丰富的硬件描述语言经验和更长的开发时间,但仍比设计 ASIC 实现方法的时间更短。

FPGA 通常用于原型设计,特别是该原型具有可重构性、易于测试和非经常性工程(NRE)成本较低[24]的特点。但是,FPGA 对于大工程量时的单位成本高。设计规模通常受限于 FPGA 板的能力。而 ASIC 芯片虽然具有更高的 NRE 成本,特别是应用先进的工艺技术时 NRE 成本很高,但是其对于中型或大型生产则具有低单位成本,可以在最低的功耗下提供最好的性能。ASIC 的主要缺点是市场化时间长,并且由于不能对其再编程以实现新算法,因此缺乏灵活性[25]。与 FPGA 实现相比,ASIC 实现方案则能够提供更高速度、更低功耗以及更小型的设计。HT-OFE 结构是第一个紧凑、精确且单通道的解决方法,这就定义了第一个高性能、统一、紧凑的 ASIC 原型。

实现方案经过了两代改进,每一代都遵循了不同的硬件规则。第一代实现方案的目的包含两个方面:开发一个无延迟的快速硬件,并提供了一个均值,把基于像素设计和基于块设计的两种设计进行比较。在给定处理每个像素的循环次数(根据像素类型会有所不同)、邻域像素标记后,首先考虑异步设计。采用此实现方案,获得结果的速度更快,并且没有中断和延迟,具有高吞吐量。第二代硬件是同步设计,不论像素/邻域像素的类型是什么,都在固定的时间内处理像素,并且具有固定修正延迟和吞吐量。这使得控制更加简单,并且整体上更适合在大系统中执行。然而,延迟的引入增加了总吞吐量。因此,在这种规则下开发了流水线的版本来避免延迟,并且提供以小面积增加的快速结果。

8.2.1 主要数据路径

如图 8.1 所示给出了所有规则和变化的主要数据路径[14]。该结构一次读取输入图像的 1 个像素 I_X,并输出目标特征或尺寸 S。黑色的模块及连接在同步和异步类型中一致。蓝色的模块及连接仅为非流水线实现方案,红色的部分是当流水线同步设计时可添加的。在异步部分中首先解释了主要的常见任务。将重点论述常规的同步设计和流水线设计。

对于每个像素,最主要的任务都被安排在几个周期内,包括检测像素类型和读取相邻像素、选择临时标记和更新表格、处理候选像素以及提取/发送目标特征。I_X 和 I_Y 分别表示在 $X = (x, y)$ 处的像素和标记。值得注意的是,由于这些

148

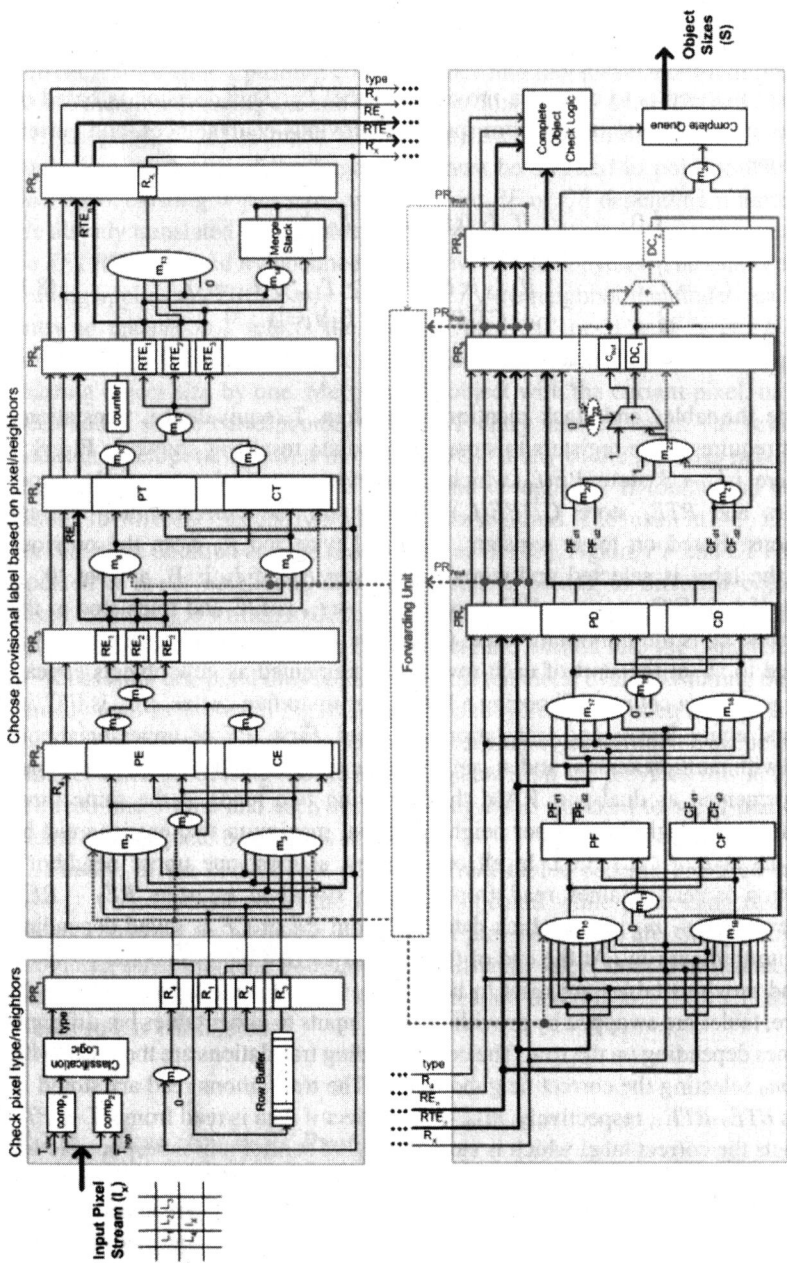

图8.1 HT-OFE结构的主要构成基础，其中黑色和蓝色块采用同步和异步设计，红色和黑色块采用流水线设计

149

模块可能在同一循环内执行,因此在某些情况下将这些模块放在一起进行解释。

第一步是确定当前像素 I_X 的类型以及读取以前处理过的邻域标记 $L_1 \sim L_4$。这步在一个周期内完成。利用阈值为 T_{low} 和 T_{high} 的两个比较器(comp1 和 comp2)对 I_X 进行双阈值处理。然后,利用分类逻辑将 I_X 分为 F、C 或 B。与此同时,4 个记录器 R_1、R_2、R_3 和 R_4 分别占有邻域标记 L_1、L_2、L_3 和 L_4(交替使用符号 R 和 L)。如图 8.1 所示,将这些记录器的输出发送到下一个阶段。对于每一个新像素,从行缓冲器取值给 R_3,之前存储在 R_3 中的值变为在 R_2 中,R_2 中的值变为在 R_1 中。这个转换过程确保在 R_1、R_2 和 R_3 中的值反映当前像素对应的邻域像素。一旦选择了新的标记 L_X,I_X 将会被丢弃,暂存在记录器 R_X 中的 L_X 将被反馈至 R_4 中。因此,R_4 变为下一个像素 $I(x, y+1)$ 的左相邻点。在 R_4 中的先前值将被反馈至行缓冲器,直至这个行尾,行缓冲器包含处理过的 $\text{row}(x)$ 的标记,这是下一个 $\text{row}(x+1)$ 的"新的先前相邻点"。注意,所有上方的相邻像素作为背景。对于边界上的像素(第一列和最后一列)采用类似的假设处理。图 8.1 中在 R_4 之前,用多路复用器 m_1 对其进行处理,直至行尾将其变换为新标记或'0'。

第二步是选择临时标记 L_X。这取决于 I_X 的类型、相邻点的标记、对应的先前等价值和当前转换,计算方法见式(8.1),即

$$L_X = \begin{cases} 0 & \text{如果 } I_X \text{ 是 } B \qquad\qquad (I_X < T_{\text{low}}) \\ l & \text{如果 } I_X \text{ 是 } F/C \,(I_X \geq T_{\text{low}}), \quad L_4 = 0, \\ & CT[PE(L_i)] = 0 \qquad \forall_i \in [1:3] \\ \min(CT[PE(L_i)], L_4) & \text{否则} \end{cases}$$

$$(8.1)$$

除了第 7 章所提的表格和堆栈(等价值、转换值)外,这个单元还需要一些记录器存储一些中间结果,如图 8.1 所示。RE_i 在 $i:1\to3$ 存储 $PE(L_i)$,$PE(L_i)$ 是上方邻域像素的之前等价值,RTE_i 存储对应的当前转换 $CT[PE(L_i)]$。根据这些记录器、像素类型、之前模块中的 R_4 来选择标记,并存储在记录器 R_X 中。如果 I_X 是 B,则选择标记'0'。如果 I_X 是 F/C 并且 L_4 是 F/C 或者 $L_1 \sim L_3$ 之一是 F/C 并转化到当前行,则 L_X 为最小值。否则,给定新标记 l,在每行开始时将标记初始化为'1',且随新目标的出现而增加,因此也可看作计数器。选择一个标记最多需要 5 个周期。如果 I_X 是 F/C,则读取相邻点的等价值和转换值。首先,利用多路复用器 m_2 和 m_3 选择邻域数据的方式读取上方邻域的 PE。利用双端口 RAM 执行该表格,因此允许两个同时读取。虽然存在三个上方邻域点,但必须读取两个最大条目(如果 L_2 是 B,L_1 和 L_3 是 F/C)。在其他情况下,最多读取一个上方相邻点的信息。从 PE 读取的值存储在 $RE_1 \sim RE_3$。多路复用器 $m_5 \sim m_7$ 根据当前/下一行选择存储哪些从 PE 或 CE 中读取的数据。在行尾,所

有的当前表变为先前表,并重置先前表,用作新一行中的当前表。在硬件中,通过提供表格的相同输入来变换表格,但是不同行会有不同的选择标准。然后用 m_8 和 m_9 选择正确的相邻条目来读取对应的转换。将读取的转换值分别存储在寄存器 $RTE_1 \sim RTE_3$ 中,$m_{10} \sim m_{12}$ 选择是否读取来自 CT 或 PT 的数据。m_{13} 选择存储在 R_X 中的正确标记。控制单元负责完成这项工作,但是由于缺少空间只能显示数据路径。同样,如果 F/C 相邻点($L_1 \sim L_3$ 或者 $L_3 \sim L_4$)有不同标记并且已经转换完上方相邻点,则将它们放入堆栈。然后,将 R_X 中的标记反馈给之前提到的 R_4。此外,将这些记录器的输出发送到后面的模块,以便确定更新哪一个特征或失效条目。

第三步是处理候选像素、更新表格、提取目标特征、更新目标特征和发送目标特征。处理候选像素需要读取并更新 L_X(或 R_X)及其相邻点的先前/当前的失效表条目。

类似地,提取目标特征涉及存取和更新先前/当前特征表、将完整表格放入队列以及发送这些信息。更不用说更新 CE 和 CT。新 CE 和 CT 在 4 个周期内完成。当分配新标记 l 时,$CE(l)$ 将指向它本身。一旦发现两个标记是等价,则更改最大像素的条目,使之指向最小的像素。同样,根据这些目标转换与否来读取 PF 或 CF 中的现存目标尺寸。根据先前时间循环中获得的 RE_i、RTE_i、R_4 和 R_X,多路复用器 $m_{15} \sim m_{16}$ 选择读取条目。同样的读取概念也应用于 PD/CD;$m_{17} \sim m_{18}$ 决定读取的相邻点位置以及更新的条目,m_{19} 确定写入值('0'或'1')。如果 I_X 是 F/C 并且它的前景邻域像素属于一个目标,则加法器加 1,表示现有目标尺寸增加。用当前像素合并目标,由于目标尺寸已经增加,因此必须重置其对应的 PF 或者 CF 条目。加法的结果暂时存储在记录器 DC_1 中。如果任何先前相邻点转换到当前行,则应更新其 CT。如果前景相邻点属于不同目标,则需要两次加法。对于多的那次加法,需反馈 DC_1 中的结果并将结果存储在 DC_1 中。此外,如果上方邻域点已经转换并属于不同目标,则更新 PF 和 CT 的条目。将 DC_1 的结果写入最终标记(如果两个相邻点是 F/C,则标记值最小)的 CF 中。同样,将疑似完整的目标放入完整的队列中。

假定已经读取像素,则处理一个像素最多需要 10 个时钟周期,如图 8.2 所示。在每行的末尾需要额外的循环从堆栈中取出数据。然而在处理下一行时,从队列中并行地读取目标。一次读取队列里先前行中的一个目标,并检查每一个对应的 PT 在发送之前目标是否完整的。

最后,在 row(x) 的末尾,所有当前表变为 row($x+1$) 的先前表。当处理 row($x+1$) 时,重新设置和更新当前表。如上所述,在硬件中通过给两个表提供相同输入和不同选择规则,可交换当前和先前表。例如,图 8.1 中的多路复用器 m_{26} 选择来自 PF 还是 CF 的特征取决于所考虑的行。

Cycle 1:   *if* $I_X > T_{low}$

                   Goto cycle 2 （F/C pixel）

            end if

Cycle 2:   Start Reading from PE

Cycle 3: RE_1 <-PE（R_1）

            RE_2 or RE_3 <-PE（R_2）or PE（R_3）

Cycle 4: RE_3 or RE_2 <-PE（R_3）or PE（R_2）

Cycle 5: RTE_1 <-CT[RE_1]

            RTE_2 or RTE_3 <-CT[RE_2 or RE_3]

Cycle 6:   *if* CT[PE（R_i）] = =0 iC[1:3]

                  L_X <-l

                  l <-l + 1

            else

                  L_X <-min（CT[PE（R_i）],R_4）

            end if

            R_X <-L_X

Cycle 7:   CE（R_X）<-R_X

            CD（R_X）<-0 or 1

Cycle 8:   DC <-Add（1,[PF（RE_1）or CF（RTE_1 or R_4）]）

            CT（RE_1）<-R_X

            PF（RE_1）<-0

            CF（RTE_1 or R_4）<-0

            CD（RTE_1 or R_4）<-0 or 1

Cycle 9:   DC <-Add（DC,[PF（RE_3）or CF（RTE_3）]）

            CT（RE_3）<-R_X

            PF（RE_3）<-0

            Stack（CF（RTE_1 or R_4）,RTE_3）

Cycle 10:   CF（R_X）<-DC

            RB（0）<-R_4

            R_4 <-R_X

            R_3 <-RB（M）

            R_2 <-R_3

            R_1 <-R_2

图 8.2   最坏情况下 F/C 像素处理的详细 RTL 描述

8.2.2   异步原型

异步原型是第一个硬件实现方案和 ASIC 原型,目的是提供比基于像素、基于块更快速的初步实现方案。将基于像素和基于块的两个架构写入 VHDL 并核实 VGA 和全高清图像。硬件与晶体管级完全合成,并从硬件的速度和内存角度进行分析。

在异步设计中,一旦执行处理完一个像素或块,则继续处理下一个。采用这种实现方式具有更快的速度和更高的吞吐量,过程中没有中断和延迟。主要思想是时钟循环的数量是根据像素类型及其相邻点而变化的。

如果像素是 B,则标记‘0’分配给在 2 个或者 6 个时钟周期内完成处理的像素,以便把完整的目标信息放入完整队列中。对于一个 F/C 像素,如果所有的相邻点都为 B,那么在 3 个周期内完成分配新标记的处理。如果一个或者两个相邻点为 F/C,周期数增加到 4;如果需要将其放入合并堆栈,则在最坏情况下可能达到 10 个周期。因此假设已读取该像素,则处理一个像素最多需要 10 个时钟周期,也可能需要的周期更少。在每行末尾将数据从堆栈中取出,根据放入的标记数量确定所需的额外周期。从完整队列中读取目标不需要额外的周期,这是因为这个过程是并行处理。模块处理的方式与之类似。

考虑到周期和运算次数,首先分析基于像素和基于模块的架构。对于一张 $N \times M$ 的图像,N_p 和 N_b 分别表示背景像素和块的数量,其中对于 2×1 块来说 N_b 几乎是 N_p 的一半。表 8.2 为读取和处理单一像素(块)和整个图像的最坏、最好和平均的情况。这取决于给定像素(块)的所有情景以及堆栈控制循环。考虑到每个其他像素(块)是前景,最坏情形下的堆栈循环数为 $M/2(M/4)$。

表 8.2　三种情况(最好、最坏、平均)下基于像素和基于块处理所需的时钟周期

	每个像素(块)的周期		堆栈周期	完整图像的周期数
	B	F/C		
基于像素				
最坏情形	7	11	$M/2$	$7 \times N_p + 11(N \times M - N_p) + N \times M/2$
最好情形	3	4	0	$3 \times N_p + 4(N \times M - N_p)$
平均情形	4	8.7	$M/4$	$4 \times N_p + 8.7(N \times M - N_p) + N \times M/2$
基于块				
最坏情形	8	12	$M/4$	$8 \times N_b + 12(N \times M/2 - N_b) + N \times M/4$
最好情形	4	5	0	$4 \times N_b + 5(N \times M/2 - N_b)$
平均情形	5	9.7	$M/8$	$5 \times N_b + 9.7(N \times M/2 - N_b) + N \times M/8$

表 8.3 列出每个像素(块)在最坏、最好和平均情况下的计算、对比和内存使用情况。加法只用于非背景像素(块)的情况。如果相邻点是 F/C,需要将它的特征与当前像素的特征结合,因此需要加法。

当两个相邻点是 F/C 时,两个像素的数据与当前像素的数据结合,因此需要两次加法。除了为考虑块中所有像素而执行更多加法外,同样的思路也适用于基于块的设计。在这项工作中,仅提取目标的尺寸。如果需要更多的目标特征可能需要其他的算术运算。比较的数量包括检测像素(块)和相邻点类型以及决定是否转换相邻点。内存占用的数量包括从先前或当前表、完整队列以及堆栈中所读取和写入。

表 8.3　三种情况(最坏、最好、平均情况)下基于像素和基于块设计所需的计算量和内存

		基于像素			基于块		
		最坏情形	最好情形	平均情形	最坏情形	最好情形	平均情形
每个像素(块)的增加次数	B	0	0	0	0	0	0
	F/C	2	1	1.35	3	2	2.35
比较次数	B	6	3	4.5	7	4	5.5
	F/C	9	4	7	15	6	13
内存读取	B	4	1	1.75	5	2	2.75
	F/C	7	1	4.53	8	2	5.5
内存写入	B	2	1	1.25	2	1	1.25
	F/C	6	2	3.41	6	2	3.41
	F/C	11	4	8.7	12	5	9.7

采用 10 层金属的 TSMC 45nm CMOS 技术搭建了基于像素和基于块两种架构的样机。我们采用 Cadence Ambit 合成器、BGX 外形以及 Encounter SOC 工具,综合分析这些架构。基于块的设计根据俄克拉荷马州立大学(OSU)标准单元库生成。图 8.3 为基于像素和基于块的实现方案布局。表 8.4 总结了合成 VGA 图像以及在两种频率下运行(100MHz 和 500MHz)的两种架构的面积和功率。结果清楚地显示了在面积和功率方面基于块方案的优点。

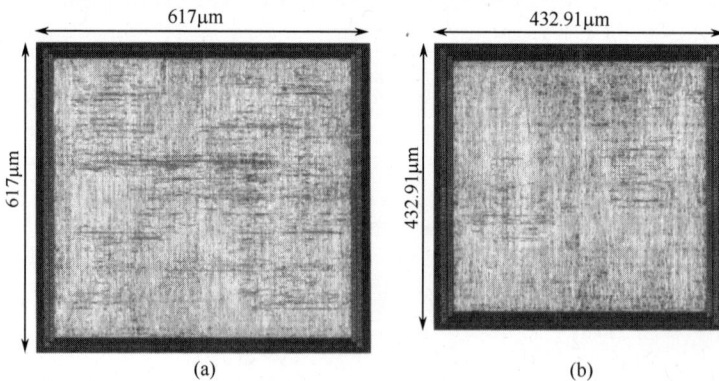

图 8.3　第一代 ASIC 布局
(a)基于像素的布局;(b)基于块的布局。

在两种频率下验证该系统,以便根据目标应用提供两种选择:较慢 (100MHz)的低功率设计和较快的高功率设计(500MHz)。后者实时处理能力更强,但功耗较大。

154

表 8.4　不同开发结构的面积、功率的比较

	基于像素	基于块	基于像素	基于块
频率(MHz)	100	100	500	500
图像	VGA	VGA	VGA	VGA
单元面积(μm^2)	227,214.87	104,491.52	227,365.99	104,423.47
核心面积(μm^2)	332,538.31	154,429.29	332,768.51	154,275.14
芯片面积(μm^2)	380,443.99	187,588.54	380,690.25	187,418.64
功率(mW)	19.11	8.58	95.54	42.94

对于 VGA 图像,虽然很容易实现较快的时钟,但是 100MHz 能提供小于 5 倍功率的实时处理。这也许更适合在资源有限的嵌入式平台上实现监视系统中的分布式目标/边缘检测。另外,在主要目标加速的应用中需要更高的频率。例如,基于像素和基于块的设计在最坏情况下处理 VGA 图像的速度分别为 150fps、370fps。这样使得实时处理大图像变得更具吸引力,例如实时处理全高清图像(1080p)。在 500MHz 下操作全高清图像也验证了这两种架构的有效性。基于像素和基于模块的设计在最坏情况下处理每幅全高清图像所需的循环数分别为 13235400 循环和 7314300 循环。因此,实现方案在实时处理全 HD 图像的速度分别为 38fps(基于像素)和 70fps(基于块),其代价是额外的功率消耗,基于像素和基于模块的动态功率分别为 250.78mW 和 114.02mW。

8.2.3　同步设计:常规设计与流水线设计对比

虽然先前的设计能得到更快的结果,但非同步的特性使得大型检测系统的整合更困难,尤其是流水线的设计。下面提出两种不同的 ASIC 设计:简单的、更小面积的全定制设计和具有某些面积增加的快速流水线设计。这两种设计能获得流水线设计的实时结果,且具有更高的吞吐量和更少的延迟。

为了保持全定制,对于每一像素来说,恰好在 10 个周期内处理完主要任务。第一步是确定当前像素 I_X 的类型并读取预先处理的相邻点标记 $L_1 \sim L_4$。该步骤在第 1 个周期内完成。第二步是选择一个临时性的标记 L_X。根据 I_X 的类型、相邻点的标记、之前的对应等价值以及当前转换值决定标记 L_X。选择标记和更新对应表需要 5 个周期(第 2~6 周期)。第三步是处理候选像素/目标、更新表格以及提取/更新/发送目标特征。处理候选像素需要读取和更新 L_x 及其相邻点的先前/当前的失效表条目。类似地,通过存取和更新先前/当前特征表格提取目标特征,将特征放入队列并将其发送,采用同样方法来更新 CE 和 CT。这一步骤在 4 个周期(第 7~10 个周期)内完成。从队列中读取目标与处理下一行并行执行。每 10 个周期,读取队列中先前行的目标,并检查它的 PT 在被发出前是否绝对完整。

此常规设计的缺点是处理像素所需要的实际时钟周期数与基于像素方法的类型和其相邻点有关。处理一个像素可能需要 3 个周期，甚至 10 个周期。但是，常规实现方案假设处理任何像素需要相同的周期数(10 个周期)，这导致大量的延迟。例如，当该过程融入目标检测和目标提取的更大结构中的一部分时，这部分可能造成整个系统运行缓慢。流水线设计则可避免这个缺点。流水线设计不用等待 10 个周期才开始处理下一个像素，而是每 3 个周期读取一个新像素。这避免了大部分延时，并且具有更高的吞吐量，如图 8.4 所示。在常规情况下处理两个像素需要 20 个周期，而在流水线设计中仅仅需要 13 个周期。处理额外一个像素仅仅需要增加 3 个周期。但流水线设计的缺点是区域增加、功率消耗更大并且控制单元更加复杂。

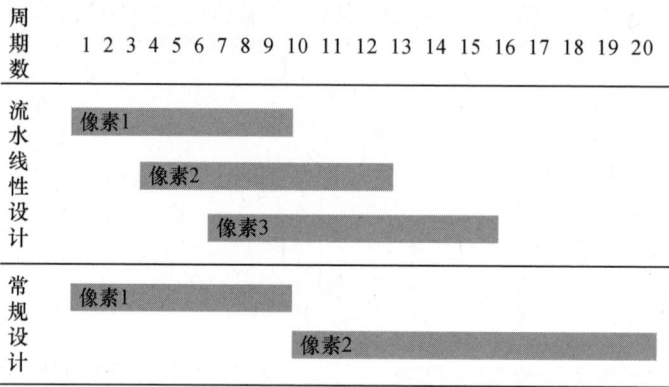

图 8.4　常规和流水线设计在处理两个或三个像素时的周期数

从图 8.1 可以看出，流水线设计采用与常规设计相同的数据路径，仅做了细微修改和添加。首先，在每个周期的末端增加流水线寄存器(红色的 PR_1 - PR_9)。在不混淆当前像素信息和下一个右相邻点的情况下，能保证连续像素之间数据的正确流通。在常规实现方案中已经使用了这些寄存器(黑色的寄存器)：比如，R_4 是 PR_1 的一部分，但是为避免数据冲突，在 PR_2 - PR_9 中的每一个新周期伊始已复制 R_4。这样的话，如果像素 I_1 的左相邻点 CF 需要在第 9 个周期中更新，则可通过查询 PR_8(而非 PR_1)中的地址选择正确的条目，这可能使像素 I_2 或者 I_3 产生新值。利用同样概念增加红色的前向单元，其目的是确保在第 7~9 个周期中写入等价、转换、特征表格数据时，选择正确的数据/位置。该单元的输入是 PR_1 - PR_9 的输出，当多路复用器 m_2 - m_4、m_8 - m_9 和 m_{15} - m_{16}(用以红色的总线以示简化)的额外输入信号或代替来自 R_X 的原始反馈时，将其反馈到前面提到的表格中。最后的修改是特征提取的第二个加法器和寄存器 DC_2，目的是避免结构冲突。需要注意的是，在这个情况下反馈是从 DC_2 获得的。

在 VHDL 中写入基于像素的常规和流水线的架构。数据路径的主要差别是附加的加法器和寄存器。与非同步架构相似，采用具有 10 层金属的 TSMC

45nm CMOS 技术中设计这些样机架构。

采用 Cadence Ambit 合成器、BGX 外壳和 Encouter SOC 工具,根据俄克拉荷马州立大学标准单元库的技术和符号库合成并分析了该架构。常规设计和流水线设计的基于像素的结构都遵循同步方法,如图 8.5 所示。

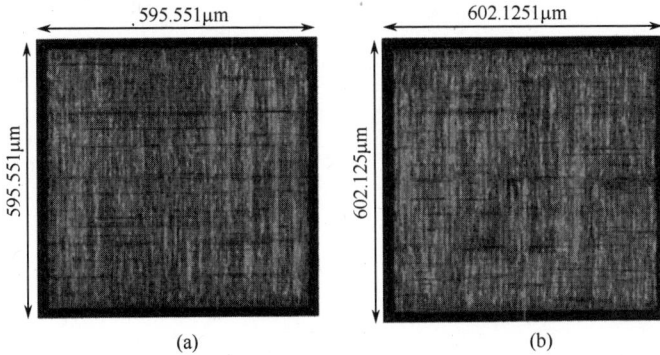

图 8.5　基于像素的同步 ASIC 布局

(a)常规实现方案; (b)并行实现方案。

表 8.5 所列总结了处理 VGA 图像时,常规设计和流水线设计中主要单元的对应尺寸。同时表中给出了两种设计以 500MHz 处理 N × M 图像时的面积、功率和周期数。从表中数据可明显看出常规设计在面积和功率方面的优势。常规设计和流水线设计的周期数分别为 3,225,600 和 1,078,560。

表 8.5　常规设计和流水线设计的主要单元、面积、功率、频率及潜在因素总结

	常规设计	流水线设计
图像尺寸	VGA(480×640)	VGA(480×640)
加法器	1(19 位)	2(19 位)
比较器	2(8 位)	2(8 位)
计数器	1(9 位)	1(9 位)
注册器	11(9 位),1(19 位),1(1 位)	47(9 位),7(2 位),2(19 位),1(1 位)
RAM	1 Row buffer(638×9 位) 4 PE/CE/PT/CT(320×9) 1 Stack(320×18 位) 2 PF/CF(320×19 位) 2 PD/CD(320×1 位) 1 Queue(160×28 位)	1 Row buffer(638×9 位) 4 PE/CE/PT/CT(320×9) 1 Stack(320×18 位) 2 PF/CF(320×19 位) 2 PD/CD(320×1 位) 1 Queue(160×28 位)
频率(MHz)	500	500
门数	65732	67297
核心面积(μm^2)	308481.26	315826.86

	常规设计	流水线设计
芯片面积(μm^2)	354681.2	362554.34
功率(mW)	95.55	97.57
周期数	$10.5 \times N \times M$	$3.5 \times N \times M + 7 \times N$

因此,ASIC 实现方案能够以 155fps 或 460fps 的速度实时处理 VGA 图像。基于块的流水线设计提速更快并可节省功率。因此,ASIC 实现方案不再考虑检测问题最耗时的那部分,并且易与应用结合,提高整体精度。常规设计适用的情况是:系统的其他部分计算量较大且不会闲置,需要等待滞后过程处理完最后一个像素的情况。流水线设计适合的情况是:滞后处理是最关键的部分,并且需要滞后过程尽量加速以避免减缓整个系统。

8.3 二维离散小波变换硬件

本节简要论述一维离散小波变换以及利用 Mallat 算法[12]将其扩展到二维的方法。在下一个更低的分辨率层,将一维信号 $S(n)$ 递归分解为近似部分 $A(n)$ 和细节部分 $D(n)$。在任意一个 $l+1$ 层,可推导出近似和细节部分,计算方法见式(8.2)和式(8.3),即

$$A_{l+1(n)} = \sum_{k=0}^{M-1} h(k)A_l(2n+k) \tag{8.2}$$

$$D_{l+1}(n) = \sum_{k=0}^{M-1} g(k)A_l(2n-k) \tag{8.3}$$

式中:$h(k)$ 和 $g(k)$ 分别为 M 阶的低通、高通 FIR 滤波器。注意,在最高分辨率层 A_0 就是原始信号 $S(n)$。

采用 Mallt 算法可以分解一幅图像(二维信号),即在水平和垂直方向上(即行和列)使用一维 DWT。如图 8.6 所示为一层二维 DWT 的框图。

在图 8.6 中,首先利用式(5.1)和式(5.2)中一维 DWT 和高通滤波器沿着行方向分解尺寸为 $N \times N$ 的输入图像 I。对滤波输出进行垂直方向的采样后,沿着每个输出的列方向计算一维 DWT,在降采样后生成 4 个子带,每个子带的尺寸为 $N/2 \times N/2$,包括近似(LL)、水平(LH)、垂直(HL)和对角(HH)。为完成更低分辨率层的分解,利用二维 DWT 处理后获得的子带 LL,产生另外四个子带(LL、LH、HL、HH),每个子带的尺寸为 $N/4 \times N/4$。

DWT 广泛应用于信号和图像处理算法中,在相关文献中提到了大量架构。1990 年,G. Knowles 首次开发了计算 DWT 的架构[27]。Weeks 和 Bayoumi 的研究中讨论并开发了 DWT 架构应用的不同方案[28]。文献[29]提出了 JPEG2000 的

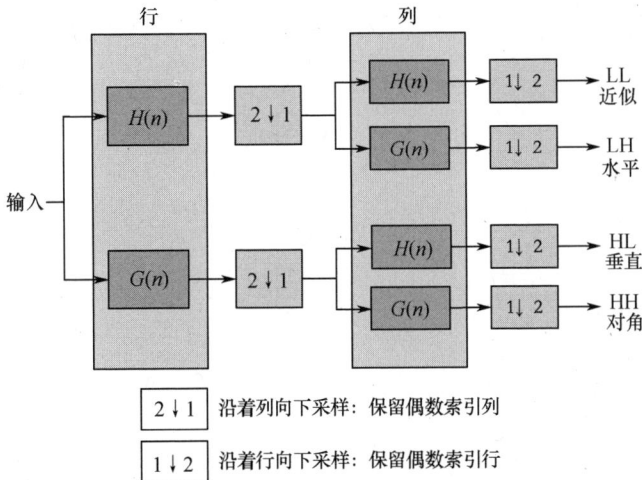

图 8.6　二维离散小波变换分解

二维 DWT 架构。尽管实现了双线扫描，但依然以光栅扫描的方式读取图像，并且尚未开发适合嵌入式平台的优化架构。在文献[30]中的架构也存在同样的问题。文献[31]提出了一种折叠的 VLSI 架构，利用包含 CSD 乘法器的二维碎片扫描完成高效的硬件实现。文献[32]提出了一种 FPGA 实现方案。LUT 取代乘法器，并采用多相分解实现并行化。然而该技术不适用于二维信号，特别是当 LUT 的大小随滤波大小增加时，无法对其优化。

文献[33]提出了几个一维和二维 DWT 的 FPGA 架构。虽然某些部件的架构未知(如处理元件 PE 和乘法器)，但作者认为该设计与其他设计相比具有更少区域和时间复杂性。文献[34]针对 9/7 浮点小波滤波器，提出了一种基于线性的架构，该架构采用了固定点 CSD 乘法器。由于该架构的基于线性的特质，因此未充分利用该部件，并且直到处理完 L 行才开始列处理，此处 L 表示滤波器的大小。

8.3.1　P²E-DWT 架构

P²E-DWT 是一种并行、流水线的高效 DWT 架构，该架构基于 Haar 小波家族，并且很容易将其扩展到高阶滤波器。下面定义 2×2 Haar 小波的低通和高通滤波器见式(8.4)和式(8.5)，即

$$h(n) = \frac{1}{\sqrt{2}} \begin{bmatrix} 1 & 1 \end{bmatrix} \tag{8.4}$$

$$g(n) = \frac{1}{\sqrt{2}} \begin{bmatrix} -1 & 1 \end{bmatrix} \tag{8.5}$$

为了计算输入图像 I 的二维 Haar 小波，首先利用 $h(n)$ 和 $g(n)$ 对行进行滤

159

波。在传统的基于线性的架构中,当对全部图像行方向滤波完成后才对列向初始化滤波。为了克服这一缺点,开发了光栅扫描设计,如图8.7(a)所示,当进行了足够的行处理时该设计开始进行列处理的初始化。然而,当滤波器的尺寸增加时,列处理器的等待周期时间随之增加,因此列处理器会拖延较长时间。

1. 图像扫描

开发的新图像扫描[35,36]方式是基于改进的 Morton 曲线。该图像扫描方式如图8.7(b)所示,其一次性读取 $2 \times 2n$ 块的像素(在图8.7(b)中 n 等于1)。图8.7(a)为传统的光栅扫描。所开发的图像扫描具有实现并行块处理的优点,如图8.8所示。在第1个周期中,对一个 2×2 的块按行并行实现一维 DWT,得到两个 2×1 块,分别是低通和高通滤波的输出。在周期2中,将第1个周期中计算的结果作为输入,对两个 2×1 的块进行列方向滤波,从而产生4个系数(LL、LH、HL 和 HH)。在周期2中,行方向的 DWT 计算用于产生两个新的 2×1 的块,然后在下一个周期中按列方向滤波,以此类推。

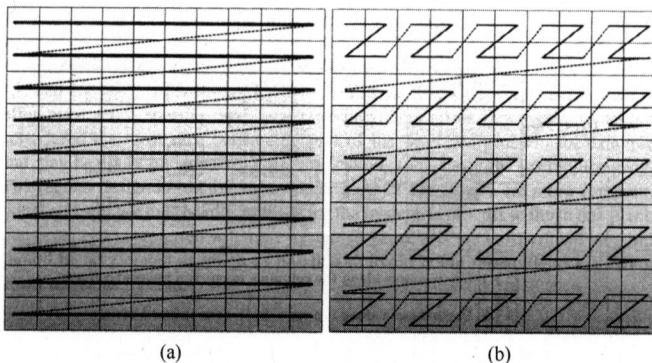

图8.7 (a)光栅扫描;(b)改进的 Morton 曲线($n=1$)。

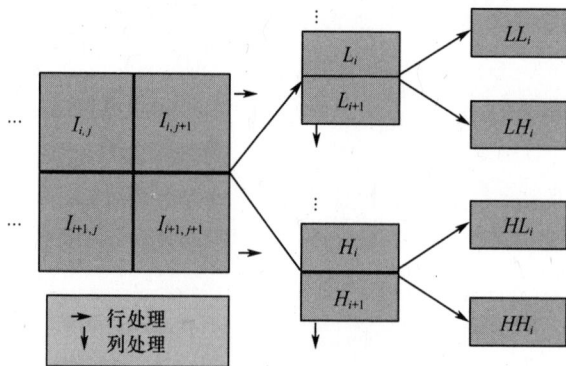

图8.8 二维离散小波变换的块处理

2. 总架构

如图8.9所示为所开发的架构为一层的二维 DWT 的框图。利用简单的矩阵函数单元(Array Function Unit, AFU)按块顺序依次进行输入。流水线设计的第一阶段由名为 LPR 的低通行处理器和名为 HPR 的高通行处理器组成。如上所述, LPR 和 HPR 的输出发送到下一流水线阶段, 该阶段由名为 LPC 的两个低通列处理器和名为 HPC 的两个高通列处理器组成。LPC 和 HPC 负责计算近似系数和细节系数。

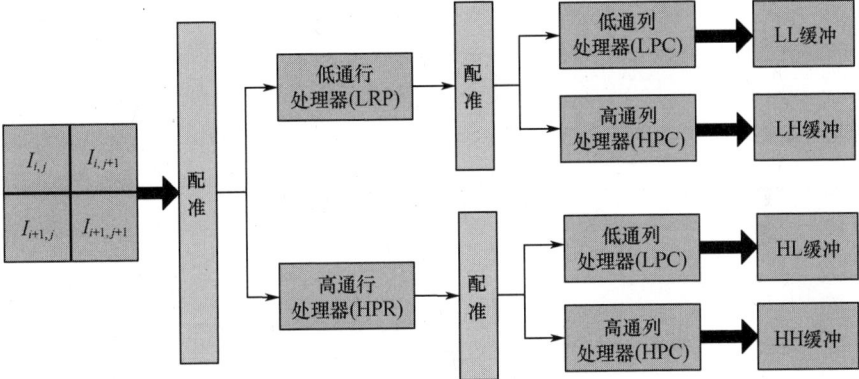

图 8.9 P^2E-DWT 结构

降采样完整地合并到该架构中, 因此不需要按行或列降采样的过程, 如图 8.6 所示。前面提到的改进图像扫描方式可在降采样以及 2×2 Haar 小波滤波后, 获得像素距离的匹配。如果滤波器掩码在每个循环中平移一个像素, 则 2×1 块(如图 8.8 所示)是多余的, 这是因为在降采样后便会消除 2×1 块。因此, 不是在每个循环中都将滤波器掩码移一个像素, 而是移两个像素, 并且不再需要其余的降采样。

3. 处理部件

对 LPR 和 HPR 的内部架构进行优化, 不仅可以减少硬件面积, 也可以减少计算时间。首先考虑 2×2 的块, 如图 8.8 所示。L_i、L_{i+1}、H_i 和 H_{i+1} 的计算方法见式(8.6)和式(8.7), 即

$$L_i = \underbrace{\frac{1}{\sqrt{2}}J_{i,j}}_{A} + \underbrace{\frac{1}{\sqrt{2}}J_{i,j+1}}_{B}, \quad L_{i+1} = \underbrace{\frac{1}{\sqrt{2}}J_{i+1,j}}_{C} + \underbrace{\frac{1}{\sqrt{2}}J_{i+1,j+1}}_{D} \tag{8.6}$$

$$H_i = \frac{1}{\sqrt{2}}J_{i,j} - \frac{1}{\sqrt{2}}J_{i,j+1} = A - B, \quad H_{i+1} = \frac{1}{\sqrt{2}}J_{i+1,j} - \frac{1}{\sqrt{2}}J_{i+1,j+1} = C - D \tag{8.7}$$

为了计算式(8.6)~式(8.7), 仅需计算参数 A、B、C 和 D, 因此将 LPR 和 HPR 结合到具有 4 个乘法器、2 个加法器和 2 个减法器的模块中。同理, 可构建 LPC 和 HPC。这两个结构如图 8.10 所示。

161

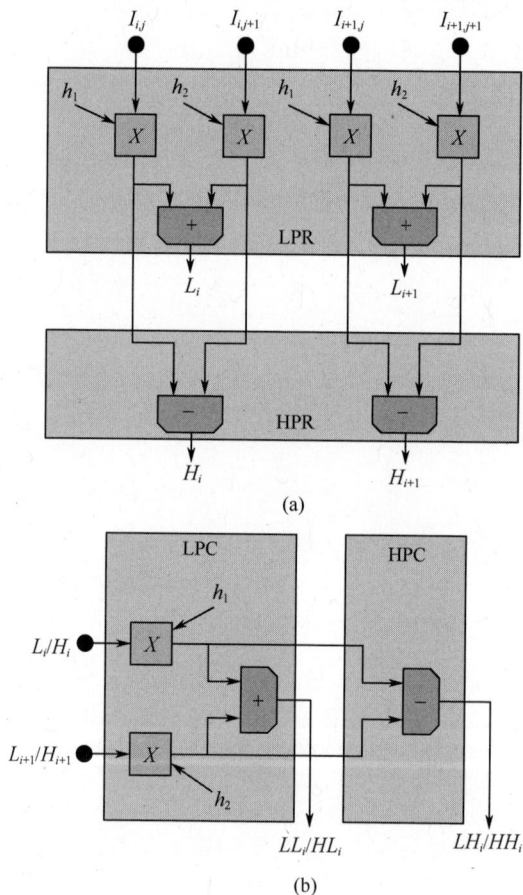

图 8.10　内部结构

（a）LPR／HPR；（b）LPC／HPC。

4. 乘法器设计

传统的乘法器设计占用大量面积和硬件资源,这对资源有限的嵌入式平台来说并不适用。在所开发的 DWT 架构中,乘法器操作数之一是已知的。因此我们不再采用传统的乘法器,而是选择基于第 2 个的补码固定点表示的一种简单的加法／移位模块。此处,我们采用 16 位,其中 1 个符号位、8 个整数位和 7 个小数位。例如,有

$$h = \frac{1}{\sqrt{2}} = 0.7071067_D = 000000000.1011010_B$$

$$M \times h = M << 1 + M << 3 + M << 4 + M << 6$$

式中:$<< b$ 表示左移 b 位。

如图 8.11 所示为乘法器的架构,包含具有隐含移位的 3 个加法器。给定

M,可在一个时钟周期内计算出 $M \times h$。

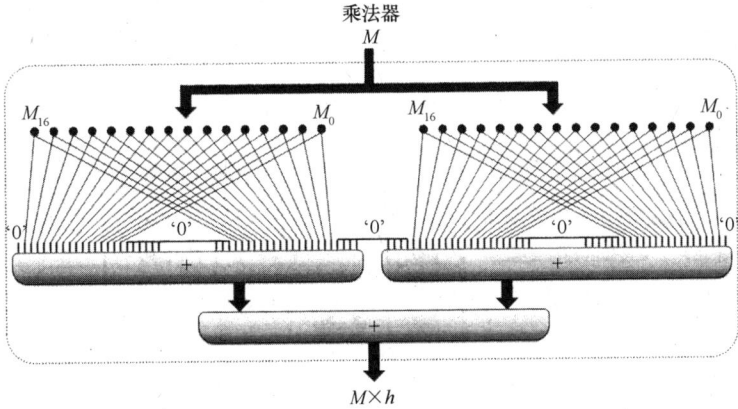

图 8.11　乘法器设计

8.3.2　仿真结果

通过在 MATLAB/VHIDI 环境上的仿真,对 P^2E-DWT 进行了测试和验证,并且采用 Cadencc/Synopsys 的 45 nm CMOS 技术实现 P^2E-DWT。为了证明该设计的实用性,通过 MATLAB 生成文件中的 VHDL 码读取了图像。将所得图像保存到另一个文件中,然后在 MATLAB 上展示。计算 P^2E-DWT 重建后的图像与原始图像之间的均方差(Mean Squared Error,MSE)和 PSNR,并比较了不同精确度(小数位)下的 MSE 和 PSNR 值。"Haifa. jpg"图像的定性及定量评价结果,分别如图 8.12 所示和表 8.6 所列。方案中的 DWT 是两层。

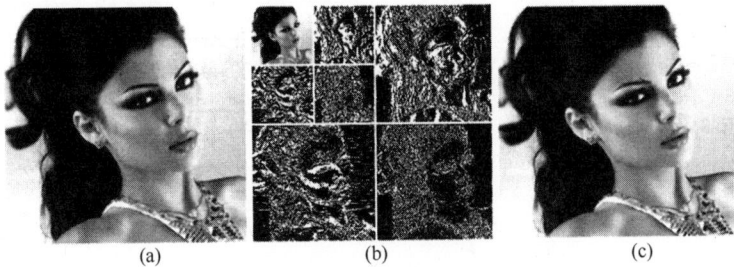

图 8.12　"Haifa. jpg"图像的定性评价
(a)原图像;(b)分解图像;(c)重构图像。

表 8.6　MSE 和 PSNR 的分数

分数	MSE	PSNR
5	0. 0419	13. 77
7	$1. 64 \times 10^{-4}$	37. 71
9	$2. 24 \times 10^{-6}$	56. 48

163

8.3.3 实验结果

实现 3 层 DWT 的两种架构如下。

(1) 连续架构。其中，l 层等待 $(l-1)$ 层的计算结果，在 $(l-1)$ 层的 LL 变为 l 层的输入。

(2) 实现三层并行的架构。采用 3 个二维 DWT。当从第 1 层获得足够多的数据时，激活第 2 层。当第 2 层计算出足够多的数据时激活第 3 层。

如表 8.7 所列总结 L 层 DWT 处理 $N \times N$ 图像时所需的周期次数，分别考虑了串行和并行两种模式。此外，我们研究了在面积、功率和频率两两之间的折衷方法，并在如图 8.13 所示和如图 8.14 所示中分别展现了串行架构和并行架构的折衷结果，最大频率为 549.45MHz。图 8.13 和图 8.14 表明面积和功率随着频率的增加而增加。因此，在所达到的预期频率和所需面积以及功率消耗之间必须进行折中。

表 8.7　串行和并行设计执行 L 层 DWT 的时间

设计	计算时间（周期）
连续	$\approx \sum_{l=1}^{L} \dfrac{N^2}{2^{2l}}$
并行	$\approx \dfrac{N^2}{4}$

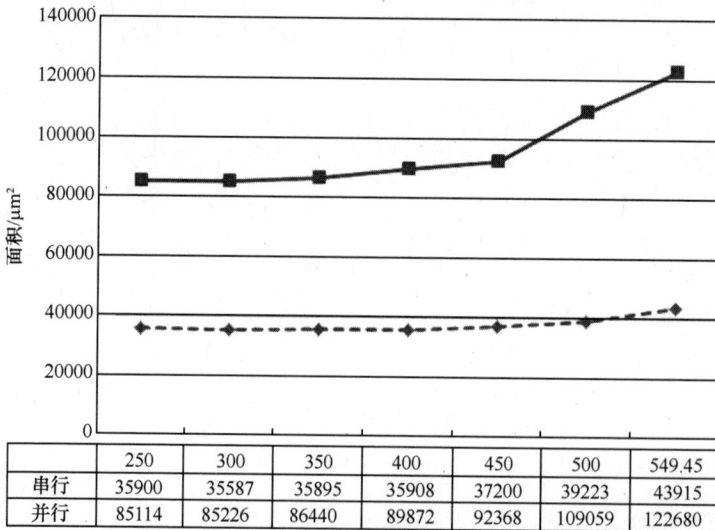

	250	300	350	400	450	500	549.45
串行	35900	35587	35895	35908	37200	39223	43915
并行	85114	85226	86440	89872	92368	109059	122680

图 8.13　串行设计的频率和面积折衷关系

最后，如图 8.15 所示为 45nm 的串行架构的布局，分别将输出负载和时钟间隙设置为 0.15pF 和 200pS。

164

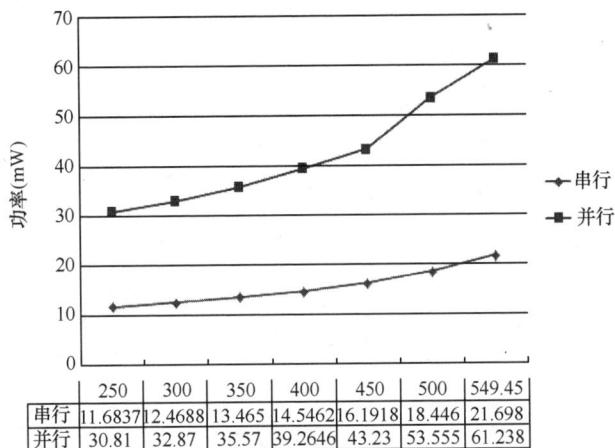

图 8.14 并行设计的功率和频率折衷关系

	250	300	350	400	450	500	549.45
串行	11.6837	12.4688	13.465	14.5462	16.1918	18.446	21.698
并行	30.81	32.87	35.57	39.2646	43.23	53.555	61.238

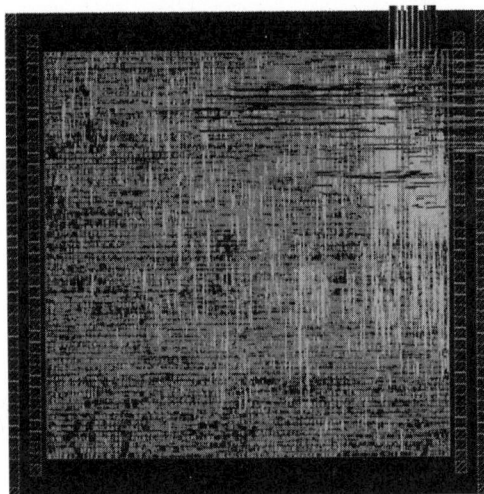

图 8.15 P²E-DWT 串行设计布局

参 考 文 献

1. T. Boult, R. Micheals, X. Gao and M. Eckmann, "Into the woods: visual surveillance of non-cooperative camouflaged targets in complex outdoor settings," Proceedings of the IEEE, vol. 89, no. 10, pp. 1382–1402, October 2001
2. T. Bouwmans, F. El Baf and B. Vachon, "Background modeling using mixture of Gaussians for foreground detection – a survey". Patent 3, November 2008
3. J. Canny, "A computational approach to edge detection," *IEEE Transactions on Pattern Analysis and Machine Intelligenve*, vol. 8, no. 6, pp. 679-698, November 1986
4. R. Estrada and C. Tomasi, "Manuscript bleed-through removal via hysteresis thresholding," in *International Conference on Document Analysis and Recognition*, Barcelona, 2009

5. W. K. Jeong, R. Whitaker and M. Dobin, "Interactive 3D seismic fault detection on the graphics hardware," in *International Workshop on Volume Graphics*, 2006

6. A. Niemisto, V. Dunmire, I. Yli-Harja, W. Zhang and I. Shmulevich, "Robust quantification of in vitro angiogenesis though image analysis," *IEEE Transactions on Medical Imaging*, vol. 24, no. 4, pp. 549-553, April 2005

7. M. Ghantous and M. Bayoumi, "MIRF: a multimodal image registration and fusion module based on DT-CWT," *Springer Journal of Signal Processing Systems*, vol. 71, no. 1, pp. 41-55, April 2013

8. J. Li, J. Takala, M. Gabbouj and H. Chen, "Variable temporal length 3D DCT-DWT based video coding," in *Intelligent Signal Processing and Communication Systems, 2007. ISPACS 2007. International Symposium on*, Xiamen, 2007

9. A. M. Kamboh, M. Raetz, K. G. Oweiss and A. Mason, "Area-power efficient VLSI implementation of multichannel DWT for data compression in implantable neuroprosthetics," *IEEE Transactions on Biomedical Circuits and Systems*, vol. 1, no. 2, pp. 128-135, November 2007

10. S. Shrestha and K. Wahid, "Hybrid DWT-DCT algorithm for biomedical image and video compression applications," in *International Conference on Information Sciences Signal Processing and their Applications*, Kuala Lumpur, 2010

11. S. S. Manure, C. P. Raj P and U. Naik, "Design and performance analysis of DWT/FFT based OFDM systems," in *International Conference on Advances in Recent Technologies in Communication and Computing*, Bangalore, 2011

12. S. G. Mallat, "A theory for multiresolution signal decomoposition: the wavelet representation," *IEEE Transactions on Pattern Analysis and Machine Intelligence*, vol. 11, no. 7, 1989

13. M. A. Najjar, S. Karlapudi and M. Bayoumi, "A compact single-pass architecture for hysteresis thresholding and component labeling," in *IEEE International Conference on Image Processing*, Hong Kong, 2010

14. M. A. Najjar, S. Karlapudi and M. Bayoumi, "High-performance ASIC architecture for hysteresis thresholding and component feature extraction in limited-resource applications," in *IEEE International Conference on Image Processing*, Brussels, 2011

15. M. A. Najjar, S. Ghosh and M. Bayoumi, "A hybrid adaptive scheme based on selective Gaussian modeling for real-time object detection," in *IEEE Symposium Circuits and Systems*, Taipei, 2009

16. M. A. Najjar, S. Ghosh and M. Bayoumi, "Robust object tracking using correspondence voting for smart surveillance visual sensing nodes," in *IEEE International Conference on Image Processing*, Cairo, 2009

17. C. K. Chui, An Introduction to Wavelets, San Diego: Academic Press, 1992

18. M. Ghantous, S. Ghosh and M. Bayoumi, "A multi-modal automatic image registration technique based on complex wavelets," in *International Conference on Image Processing*, Cairo, 2009

19. M. Ghantous, S. Ghosh and M. Bayoumi, "A gradient-based hybrid image fusion scheme using object extraction," in *IEEE International Conference on Image Processing*, San Diego, 2008

20. M. Macedonia, "The GPU enters computing's mainstream," *Computer*, vol. 36, no. 10, pp. 106-108, October 2003

21. J. Byrne, J. Bolaria and T. R. Halfhill, A guide to FPGAs for communications, 1 ed., The Linley Group, 2009

22. T. Okamoto, T. Kimoto and N. Maeda, "Design methodology and tools for NEC electronics - structured ASIC ISSP," in *International symposium on Physical design*, New York, 2004

23. M. Papadonikolakis, G. Constantinides and C. S. Bouganis, "Performance comparison of GPU and FPGA architectures for the SVM training problem," in *International Conference on Field-Programmable Technology*, 2009

24. B. Zahiri, "Structured ASICs: opportunities and challenges," in *International Conference on Computer Design*, 2003

25. T. Hamada, K. Benkrid, K. Nitadori and M. Taiji, "A comparative study on ASIC, FPGAs, GPUs and general purpose processors in the O(N^2) gravitational N-body simulation," in *NASA/ESA Conference on Adaptive Hardware and Systems*, San Francisco, 2009

166

26. M. A. Najjar, S. Karlapudi and M. Bayoumi, "Memory-efficient architecture for hysteresis thresholding and object feature extraction," *IEEE Transactions on Image Processing*, vol. 20, no. 12, pp. 3566-3579, December 2011

27. G. Knowles, "VLSI architecture for the discrete wavelet transform," *Electronic Letters*, vol. 26, no. 15, pp. 1184-1185, 1990

28. M. Weeks and M. Bayoumi, "Discrete wavelet transform: architectures, design and performance issues," *Journal VLSI Signal Processing Systems*, vol. 35, no. 2, pp. 155-178, 2003

29. J. Song and I. Park, "Novel pipelined DWT architecture for dual-line scan," in *IEEE International Symposium on Circuits and Systems*, 2009

30. P. McCanny, S. Masud and J. McCanny, "An efficient architecture for the 2-D biorthogonal discrete wavelet transform," in *IEEE International Conference on Image Processing*, Thessaloniki, 2001

31. G. Lafruit, F. Catthoor, J. Cornelis and H. de Man, "An efficient VLSI architecture for 2-D wavelet image coding with novel image scan," *IEEE Transactions on VLSI Integration*, vol. 7, no. 1, pp. 56-68, 1999

32. A. Motra, P. K. Bora and I. Chakrabarti, "An efficient hardware implementation of DWT and IDWT," in *IEEE Conference Convergent Technologies for Asia-Pacific Region*, 2003

33. I. Uzun and A. Amira, "A framework for FPGA based discrete biorthogonal wavelet transforms implementation," in *IEEE Proceeding Vision, Image and Signal Processing*, 2006

34. X. Xu and Y. Zhou, "Efficient FPGA implementation of 2-D DWT for 9/7 float wavelet filter," in *IEEE International Conference on Information Engineering and Computer Science*, 2009

35. G. M. Morton, "A computer oriented geodetic data base and a new technique in file sequencing," IBM, Internal Rep., Ottawa, 1966

36. E. A. Patrick, D. R. Anderson and F. K. Bechtel, "Mapping multidimensional space to one dimension for computer output display," *IEEE Transactions on Computing*, Vols. C-17, no. 10, pp. 949-953, 1968

第 9 章 结 论

VSN 为从监控到远程监控的广泛应用提出了一种低损耗、低功率的可视化解决方案。该网络由具有感知能力、数据处理和通信能力的多个协同视觉传感器节点组成。这些节点能够采集和处理大量有关调查场景的图像,并将所提取出的数据传送到控制中心进行进一步的分析。VSN 面临诸如(内存、功率以及带宽)资源限制的挑战。本书阐述了采用 VSN 进行监控所产生的问题,特别是在视频端运行时产生的与基本图像处理技术相关的问题,包括图像匹配、图像融合、目标检测以及目标跟踪。对图像处理技术机关算法的实现,可以为相关领域研究人员提供借鉴。本书还提出和讨论了智能嵌入式视觉传感器节点的简单、计算量小且精确的算法。这一系列智能、低功率算法将视频监控技术扩展到更广泛的应用中。该算法的关键部分是通过硬件结构辅助处理的,能够减轻繁重的计算负担和内存对硬件需求的负担。

本书的贡献可概括为算法级和硬件架构级两个方面。在算法级上的贡献如下。

(1) AMIR:自动多模图像匹配算法。它是一种基于金字塔式的方案,即双树复小波变换。本方案思想是从最低分辨率开始,通过采用穷举搜索互相关算法对两张图像进行匹配。从而获得粗略参数估计。然后,在更高级别上对该估计进行提纯。针对本方案提出两种实现方法。第一种是采用优化穷举搜索获得高级别的估计,而第二种则是利用基于小摄动方法的梯度下降法。金字塔式的方案不仅提升了匹配精度,而且加快了算法运行的速度。仿真结果表明,与现有方案相比,AMIR 方案提升了 36% 的可观精度,而保持了低级别的计算需求。

(2) GRAFUSE:基于目标提取的混合图像融合方案。所开发的算法不是将图像分割为多个区域,而是仅提取图像中的移动目标。目标提取比获得不重要目标的图像分割需要更少的处理,而剩余区域仍属于背景。然后,将所提取的目标分类为共有目标和专有目标。对共有目标进行基于区域的融合,而将专有目标对象转变成不需处理的融合图像。仿真结果表明,GRAFUSE 方案不仅展示了高超的融合质量,与目前方案相比也减少了计算量。此外,该方法还可以避免由于目标提取导致的微小匹配误差的影响。

(3) HS-MoG:基于选择性高斯建模的混合检测方法。它能够处理杂乱的户外环境,提供比传统的 MoG 方法更快和更好的检测精度。采用 HS-MoG 选择性方案,仅处理图像的一部分而不是处理整个图像,因此减少了计算量。因为图像中的移动区域通常远远小于整幅图像区域,因此减少了像素匹配、参数更新和分类。运算速度的提高与整幅图像中移动区域的尺寸息息相关,它根据监控情景发生变化,仿真结果表明运算速度的提高至少是原来 MoG 方法的 1.6 倍。另外,通过把注意力都集中在最可能的前景像素上,选择性 MoG 方法减少了背景像素的误分类的概率。此外,通过保存弱前景,滞后阈值提高了灰度图像的召回。

(4) BuM-NLV:智能视频节点的鲁棒自底向上一致跟踪。它涉及采用HS-MoG 检测目标、提取目标特征以及帧对帧的匹配目标特征。简单的形状、颜色和纹理特征提取在描述精度和大计算量之间寻求了折中。这些特征提供了监视目的充分描述,其中运行速度比精确的目标特征更重要。定义搜索区域的目的是基于空间接近性和特征相似性的加速匹配。基于外形、颜色和纹理的非线性特征的选取用于解决多匹配冲突。所涉及的简单运算使得该方法更快速和简便。甚至在处理闭塞和克服匹配误差时,该方法更可靠。它可以追踪多目标、处理目标合并/分离,以及不需要目标模型和运动的先验知识即可纠正匹配误差。

在架构级上,开发了一些架构以及相应的硬件,包括以下内容。

(1) HT-OFE:针对阈值和特征提取的新架构。本架构首次尝试将阈值、标记和特征提取结合在一个步骤中,因此可以节省时间和内存。经过两个版本后,这种架构的进步为精确的基于像素的架构和更快的较低内存的基于块的架构。在这两个版本中,该过程在图像像素的单通道中执行而无需缓冲整个图像,只需用当前行和一些表格来记录标记/目标等价、类型和特征。正运行的像素/块采用双阈值来决定其类型。这种信息与先前邻近和目标信息聚合,达到分配暂时标记和更新其对应表的目的。当同时处理弱像素/块以及聚合所有目标特征时,无需利用额外通道重新标记像素。此外,一旦对象没有任何延迟的完成直到图像的末端,该方案就发送单独的目标信息。该方法能够快速得到正常存储像素且内存需求小,使它们能更好地适应在内存受限的嵌入式平台上处理流式图像。基于像素和基于块的设计分别提速 24 倍和 52 倍,以及在精确的双通道和多通道方案中减少了大约 99% 的内存。

(2) HT-OFE 的高性能 ASIC 硬件。设计 HT-OFE 是因为它可以直接对应硬件以便受益于资源效率。ASIC 实现能够获得比 FPGA 更高的传送速度、更低的功率和更小设计。本书开发了两种高性能、统一和紧凑的 ASIC 原型。第一种采用异步的方法来避免延迟。结果表明与基于像素的方法相比,基于块的方法在面积和功率方面都有减少,对于 2×1 块面积和功率大约减少了一半,块越大则面积和功率减少的越多。第二种是流水线同步的像素设计,以 500MHz 运行并以 460fps 处理 VGA 图像。这使得阈值和特征提取足够快,并适合更大规模的实时检测系统的整合,在该情况中不再将整合过程看作瓶颈。

（3）P^2E-DWT：基于二维离散小波变换的面积有效、并行流水线的架构。这种结构可以采用基于 Harr 变换的小波分解方案，与传统采用空闲乘法器进行乘法耦合对图像扫描进行修正的方法相比，该方案执行速度快、效率。其核心是以逐块读取图像，允许在相同时钟周期内进行处理和列处理，克服传统方法中以光栅扫描方式读取图像，会导致组件闲置的弊端。在 45nm CMOS 中对该架构进行了测试和实现。实验结果表明 P^2E-DWT 架构能够以 549.45MHz 运行、占用面积 43,935μm^2 以及功率耗散 2.69mW。

本书阐述了传感器节点的视频监控所面临的挑战。为了提供综合的、高效的解决方案，必须考虑其他设计问题。这些问题主要包括传感器管理和通信协议以及安全和隐私问题。需要对摄像头位置和操作模式（激活/睡眠次数）进行优化，以便用最小能量消耗实施连续监控。必须开发特定路由和覆盖保护协议来延长网络寿命。此外，可靠的、延时感应的通信协议必须满足避免网络瘫痪的QoS 要求。这极其重要，原因是捕捉大量数据且可用资源是有限的。目前大多数研究一直关注普通无限网络的视频数据传输，有必要利用协同图像数据路由开发优化 VSN 交叉层的解决方案。